应用技术型院校计算机类专业“十三五”系列规划教材

数据库系统原理

SHUJUKU XITONG YUANLI

主　编　王维虎
副主编　朱三元　李志敏

合肥工業大學出版社

图书在版编目(CIP)数据

数据库系统原理/王维虎主编. —合肥:合肥工业大学出版社,2018.9
ISBN 978-7-5650-4091-7

Ⅰ.①数… Ⅱ.①王… Ⅲ.①数据库系统 Ⅳ.①TP311.13

中国版本图书馆 CIP 数据核字(2018)第 189078 号

数据库系统原理

主 编 王维虎　　　　责任编辑 马成勋

出 版	合肥工业大学出版社	版 次	2018年9月第1版
地 址	合肥市屯溪路193号	印 次	2018年9月第1次印刷
邮 编	230009	开 本	787毫米×1092毫米 1/16
电 话	理工编辑部:0551-62903200	印 张	11.75
	市场营销部:0551-62903198	字 数	293千字
网 址	www.hfutpress.com.cn	印 刷	安徽昶颉包装印务有限责任公司
E-mail	hfutpress@163.com	发 行	全国新华书店

ISBN 978-7-5650-4091-7　　　　定价: 25.00 元

前　言

数据库技术是计算机科学中的一个重要分支，因其发展迅速，在科学与社会各个领域广泛应用，是建设各类信息系统的基础。现如今，在推进“新工科”建设的背景下，数据库技术已经与计算机、控制、数学、统计学、物理学、生物学、心理学、社会学、法学等学科专业教育进行交叉与融合，涉及信息检索、数据管理，扩大到科技计算、计算机辅助设计、人工智能等各个领域。

本书从理论角度去看数据库，力求由浅入深，由具体到抽象，理论与实践紧密相结合，既系统、完整又突出应用。使读者能够清楚地了解什么是数据库，以及数据库需要要达到的目标，掌握数据库的设计方法，了解实际数据库应用系统的组成。

本书共分为 9 章：

第 1 章数据库系统概述。介绍了数据库理论中的一些基本概念，数据处理发展历程、数据模型、数据库系统的组成。内容包括：数据数据处理的四个发展阶段、数据库系统与数据库管理系统、数据库三级模式结构和二级映象等。

第 2 章关系数据库。讨论关系数据库的相关问题，讲解关系模型的基本概念，即关系模型的三个组成要素：关系模型的数据结构、关系操作和关系的完整性约束条件，重点讲解关系代数表达式在关系数据库中的应用。

第 3 章关系数据库标准语言 SQL。介绍 SQL 的数据定义、数据查询和数据更新操作，主要包括数据库的创建与删除、基本表的创建与数据操作、索引的创建与删除和视图的定义与操作等，它是操作关系数据库的重要工具，

第 4 章关系规范化理论。本章从一个实例出发，介绍一个不好的关系模式会存在的问题，给出函数依赖和范式的基本概念，最后重点介绍关系数据库规范化的过程。

第 5 章数据库设计。本章讨论数据库设计的方法和设计，重点介绍基于 RDBMS 的关系数据库设计问题，从需求分析、概念结构设计、逻辑结构设计、物理结构设计、数据库实施和数据库的运行维护六个阶段进行详细讲解。

第 6 章事务与并发控制。事务是一系列的数据库操作，是数据库系统中的基本逻辑工作单位。本章重点介绍了事务的基本概念和 ACID 四个特点、事务的并发控制以及封锁技术、)活锁与死锁和两段锁协议。

第 7 章数据库安全性和完整性。数据库管理系统 DBMS 必须提供一套完整且有效的机制来保证数据的安全性和完整性。数据库的安全性和完整性是数据库保护中的重要内容。本章主要介绍数据库的安全性以及安全性控制机制、数据库的完整性以及完整性控制机制。

第 8 章数据库恢复技术。数据库恢复机制是数据库管理系统 DBMS 的另一个重要组成部分。本章讲解数据库恢复的概念、故障的种类和常用的数据库恢复技术。

第 9 章数据库技术新发展。本章以数据模型、数据库应用、数据库管理系统开发技术 3 个方面为主线概述数据库的发展历程,展示数据库学科在理论、应用、系统开发等研究和应用领域的主要内容与发展方向。并给出当前数据技术的发展趋势和若干热门的研究课题。

本书的特色如下:

(1)注重课程体系的优化,强调基本概念、基本理论和基本工程的应用,在理论综述和公式推导中,尽量精选内容,用经典例题代替一般性文字的叙述。

(2)内容精简,突出工科特点,充分考虑教学计划的变更,尽量采用图表以代替叙述性内容,增加例题和练习题的数量,加强工程技术方法的分析和训练。

数据库系统原理是一门需要大量实践的课程。读者在学习本书内容的同时应注意辅以大量的实践练习,这样才能较好的理解和掌握书中所介绍的各个知识点。同时,注意举一反三,增强数据库设计时的灵活应变能力,为将来从事软件开发打下良好的基础。

在本书出版过程中,得到合肥工业大学出版社的大力支持,在此表示感谢。

由于编者的水平有限,书中难免有疏漏和不妥之处,敬请广大同行与读者批评指正。

编者

2018 年 7 月

目　录

第一章 数据库系统概述

数据库是数据管理的最新技术，也是计算机科学的一个重要分支。在当今的信息化社会，数据库技术已成为当前计算机理论和应用中发展极为迅速和应用非常广泛的一大领域。本章将介绍数据库的基本概念，包括数据管理的发展过程、数据模型、数据库系统的组成部分等等。读者从中可以学到为什么要使用数据库技术，以及数据库技术的重要性，并且本章是学习后续各个章节的基础。

1.1 基本知识

在系统地介绍数据库的基本概念之前，首先描述一下数据库中最常用的术语和基本概念。

1.1.1 基本概念

与数据库技术密切相关的 5 个基本概念，分别是数据、数据库、数据库管理系统、数据库应用系统和数据库系统，下面分别进行介绍。

(1)数据(Data)

数据是数据库中存储的基本对象。描述事物的符号记录，统称为数据。数据的种类有数字、文字、图形、图像、声音、语言等。数据可以有多种表现形式，它们都可以经过数字化后存储在计算机中。

在现代计算机系统中，数据的概念是广义的。早期的计算机系统主要用于科学计算，处理的数据是整数、实数、浮点数等传统数学中的数据。现代计算机能存储和处理的对象十分广泛，表示这些对象的数据也越来越复杂。

值得注意的是，数据与其语义是不可分的。例如，500 是一个数据，这个数据既可以表示一件物品的价格是 500 元，也可以表示一个学术会议参加的人数有 500 人，还可以表示一袋奶粉重 500 克。

(2)数据库(DataBase，简称 DB)

数据库，顾名思义，是指存放数据的仓库。只不过这个仓库是在计算机存储设备上，而且数据是按照一定的格式存放的。就如同，在现实生活中，仓储人员需要分门别类、按照规则地管理各式各样的货物。

严格来讲，数据库是长期储存在计算机内的、有组织的、可共享的大量数据集合。数据库中的数据按一定的数据模型组织、描述和储存，具有较小的冗余度、较高的数据独立性和易扩展性，并可为各种用户共享。

从其定义不难看出，数据库具有三个基本特点：

● 永久存储

由于所有数据存放在计算机的存储设备上，只要用户不去恶意地破坏或删除，数据将会长期地保存。

● 有组织性

数据库中的数据并不是杂乱无章地存放，而是按照某种数据模型进行有规则地存储，便于管理。

● 可共享性

在数据库中的数据一般只存储一次，能够实现各个不同用户进行数据共享，以此减少了数据的冗余度。

(3)数据库管理系统(DataBase Management System，简称 DBMS)

数据库管理系统，是位于用户与操作系统之间的一层数据管理软件，用于科学地组织和存储数据、高效地获取和维护数据。

DBMS 的主要功能，包括数据定义功能、数据操纵功能、数据库的运行管理功能、数据库的建立和维护功能。DBMS 是一个大型的复杂的软件系统，是计算机中的基础系统软件。目前，专门研制 DBMS 的厂商及其研制的 DBMS 产品很多。著名的有美国 IBM 公司的 DB2 关系数据库管理系统和 IMS 层次数据库管理系统、美国 Oracle 公司旗下的 Oracle 和 MySQL 关系数据库管理系统、美国微软公司的 MS SQL Server 关系数据库管理系统等。

(4)数据库应用系统(DataBase Application System，简称 DBAS)

数据库应用系统，是指利用数据库开发工具，比如高级程序设计语言(C、Java 等)或者 Web 程序设计语言(PHP、JSP 等)，在数据库管理系统软件的基础上，设计出针对某一具体应用领域的软件系统。例如，管理信息系统(MIS)、地理信息系统(GIS)或者企业资源规划管理系统(ERP)、办公自动化系统(OA)等等。

(5)数据库系统(DataBase System，简称 DBS)

数据库系统，是指在计算机系统中引入数据库后的系统构成，一般由数据库、数据库管理系统(及其开发工具)、应用系统、数据库管理员(DBA)构成。数据库系统与计算机系统硬件软件之间的关系，如图 1－1 所示。

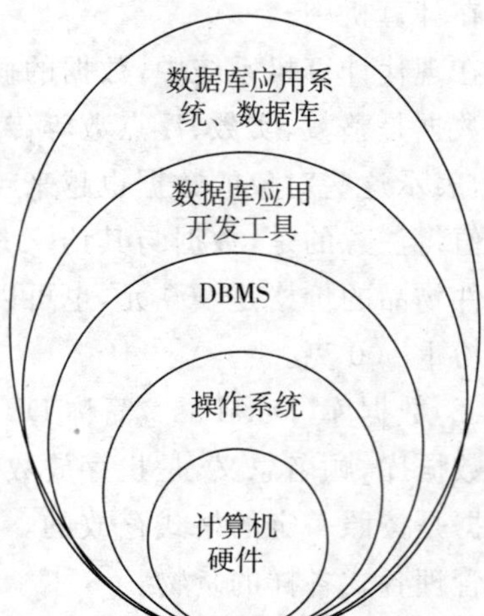

图 1－1　数据库系统的结构

数据库系统和数据库是两个概念。数据库系统是一个人——机系统，数据库是数据库系统的一个组成部分。但是，在日常工作中人们常常把数据库系统，简称为数据库。希望读者能够从文章的上下文中区分“数据库系统”和“数据库”，不要引起混淆。

1.1.2　数据管理技术的产生和发展

数据处理的核心问题，就是数据管理。数据管理，是指对数据的分类、组织、编码、储存、检索和维护等。在计算机软、硬件发展的基础上，在应用需求的推动下，数据管理技术得到了很大的发展，它经历了人工管理、文件系统、数据库管理和分布式数据库系统管理四个发展阶段。

(1)人工管理阶段(20 世纪 50 年代中期以前)

该阶段又称为手工管理阶段，其特征是数据和程序一一对应，即一组数据对应一个程序，数据面向应用，用户必须掌握数据在计算机内部的存储地址和存储方式，不同的应用程序之间不能共享数据。

人工管理数据有三个缺点：

一是，应用程序与数据之间依赖性太强，不独立。

二是，数据组和数据组之间可能有许多重复数据，造成数据冗余，数据结构性差。

三是，没有软件系统对数据进行管理。

(2)文件系统阶段(20 世纪 50 年代后期至 60 年代中期)

本阶段的特征是把数据组织在一个个独立的数据文件中，实现了"按文件名进行访问、按记录进行存取"的管理技术。在文件系统中，按一定的规则将数据组织成为一个文件，应用程序可以通过对文件中的数据进行存取加工。至今，文件系统仍是一般高级语言普遍采用的数据管理方式。文件系统对数据的管理，实际上是通过应用程序和数据之间的一种接口实现的。

文件系统管理数据有两个缺点：

一是，文件系统的数据冗余度大。

二是，文件系统中缺乏数据与程序之间的独立性。

(3)数据库管理阶段(20 世纪 60 年代后期以来)

在 20 世纪 60 年代后期，计算机性能得到很大提高，人们克服了文件系统的不足，开发一种软件系统，称之为数据库管理系统，从而将传统的数据管理技术推向一个新阶段，即数据库系统阶段。

一般而言，数据库系统由计算机软件和硬件资源组成。它实现了有组织地、动态地存储大量关联数据，并且方便多用户访问。通俗地讲，数据库系统可把日常一些表格、卡片等数据有组织地集合在一起，输入到计算机中，然后通过计算机进行处理，再按一定要求输出结果。所以，数据库相对于文件系统来说，主要解决了 3 个问题。

① 有效地组织数据，这主要指对数据进行合理设计，以便计算机存取；

② 将数据方便地输入到计算机中；

③ 根据用户的要求将数据从计算机中抽取出来，这是人们处理数据的最终目的。

数据库也是以文件方式存储数据的，但它是数据的一种高级组织形式。在应用程序和数据库之间有一个新的数据管理软件 DBMS，即数据库管理系统。数据库管理系统对数据的处理方式和文件系统不同，它把所有应用程序中使用的数据汇集在一起，并以记录为单位存储起来，便于应用程序查询和使用，其关系如图 1-2 所示。

它与文件系统的重要区别是数据的充分共享、交叉访问应用程序的高度独立性。数据库对数据的存储是按照同一数据模型进行的，不同的应用程序都可以直接操作这些数据，即应用程序的高度独立性。数据库系统对数据的完整性、唯一性和安全性都提供一套有效的管理手段，即数据的充分共享性。数据库系统还提供管理和控制数据的各种简单操作命令，

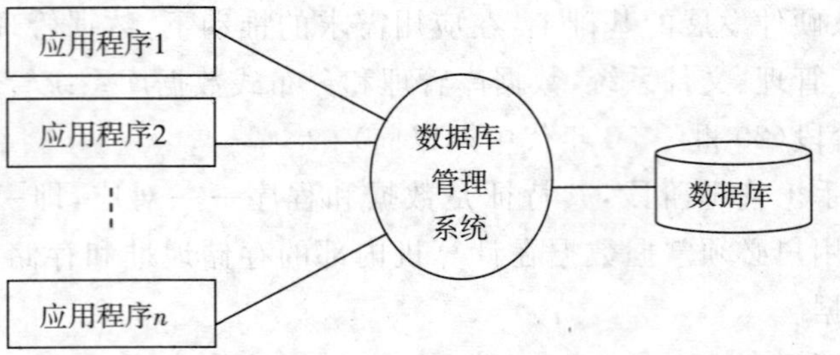

图 1-2　应用程序与数据的对应关系(数据库系统)

使用户编写程序时容易掌握,即操作方便性。

(4)分布式数据库系统阶段(20 世纪 80 年代)

由于计算机网络通信的迅速发展以及地理位置上分散的公司、团体和组织对象对数据库的应用提出了更为广泛的需求。20 世纪 80 年代,在集中式数据库系统成熟技术的基础上,产生和发展了分布式数据库系统(Distributed Database System,DDBS)。分布式数据库系统是数据库技术和网络技术两者相互渗透和有机结合的结果。

世界上第一个分布式数据库系统 SDD－1 是由美国计算机公司(CCA)于 1979 年在 DEC 计算机上实现。20 世纪 90 年代以来,分布式数据库系统进入商品化应用阶段,传统的关系数据库产品均发展成以计算机网络及多任务操作系统为核心的分布式数据库产品,同时分布式数据库逐步向客户机/服务器(C/S)模式发展。

分布式数据库系统适合于单位分散的部门,允许各个部门将其常用的数据存储在本地,实施就地存放本地使用,从而提高响应速度,降低通信费用。分布式数据库系统与集中式数据库系统相比具有可扩展性,通过增加适当的数据冗余,提高系统的可靠性,如图 1-3 所示。

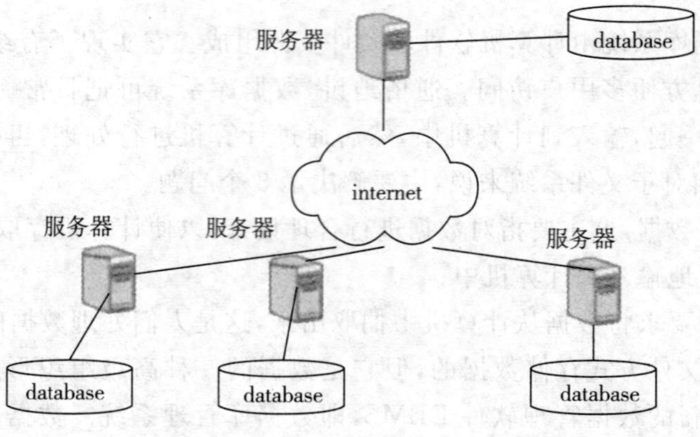

图 1-3　一个典型的分布式数据库系统

1.1.3　数据库系统的特点与组成

1.1.3.1　数据库系统的特点

数据库系统的出现是计算机数据处理技术的重大进步,其特点包括以下 4 点:

(1)数据结构化

数据库系统实现整体数据的结构化,这是数据库的主要特征之一,也是数据库系统与文件系统的本质区别。

在数据库系统中,所谓"整体",是指数据不再针对某一个应用,而是面向全组织,具有整体的结构化。不仅数据是结构化的,而且数据的存取单位,即一次可以存取数据的大小也很灵活,可以小到某一个数据项(如一个学生的学号、姓名),大到一组记录(成千上万个学生记录)。而在文件系统中,数据的存取单位只有一个:记录,如一个学生的完整记录、一门课程完整记录等。

(2)数据的共享性高,冗余度低,易扩充

数据库中的数据,不再面向某个应用而是面向整个系统,因此可以被多个用户、多个应用以多种不同的语言共享使用。由于数据面向整个系统,是有结构的数据,不仅可以被多个应用共享使用,而且容易增加新的应用,这就使得数据库系统弹性大,易于扩充。解析数据共享可以大大减少数据冗余,节约存储空间,同时还能够避免数据之间的不相容性与不一致性。

所谓"数据面向某个应用"是指数据结构是针对某个应用设计的,只被这个应用程序或应用系统使用,可以说数据是某个应用的"私有资源"。所谓"弹性大"是指系统容易扩充也容易收缩,即应用增加或减少时不必修改整个数据库的结构,只需做很少的改动。可以取整体数据的各种子集用于不同的应用系统,当应用需求改变或增加时,只要重新选取不同的子集或加上一部分数据,便可以满足新的需求。

(3)数据独立性高

数据独立,是指应用程序不随数据存储结构的改变而变动。数据独立,可以包括物理数据独立和逻辑数据独立两个方面。

物理数据独立性,是当数据的存储格式和组织方法改变时,不影响数据库的逻辑结构,从而不影响应用程序。

逻辑数据独立性,是当数据库逻辑结构变化时(如数据定义的修改、数据间联系的变更等),不会影响用户的应用程序,即用户应用程序无须修改。

数据独立性提高了数据处理系统的稳定性,从而提高了程序维护的效益。数据独立性,是由数据库系统的二级映像功能来保证的。

(4)数据由 DBMS 统一管理和控制

数据库中数据的共享是并发,即多个用户可以同时存取数据库中的数据甚至可以同时存取数据库中同一个数据。为此,DBMS 必须提供统一的数据控制功能,包括数据的安全性保护、数据的完整性检查、并发控制和数据库恢复。

DBMS 数据控制功能包括四个方面:

- 数据的安全性保护:保护数据以防止不合法的使用造成的数据的泄密和破坏;
- 数据的完整性检查:将数据控制在有效的范围内,或保证数据之间满足一定的关系;
- 并发控制:对多用户的并发操作加以控制和协调,保证并发操作的正确性;
- 数据库恢复:当计算机系统发生硬件故障、软件故障,或者由于操作员的失误以及故意的破坏影响数据库中数据的正确性,甚至造成数据库部分或全部数据的丢失时,能将数据库从错误状态恢复到某一已知的正确状态(亦称为完整状态或一致状态)。

DBMS在数据库建立、运用和维护时对数据库进行统一控制,以保证数据的完整性、安全性,并在多用户同时使用数据库时进行并发控制,在发生故障后对系统进行恢复。数据库系统的出现使信息系统从以加工数据的程序为中心,转向围绕共享的数据库为中心的新阶段。

1.1.3.2 数据库系统的组成

数据库系统(Database System,DBS)实际上是一个应用系统,它是在计算机硬、软件系统支持下,由用户、数据库管理系统、存储设备上的数据和数据库应用程序构成的数据处理系统,如图1-4所示。

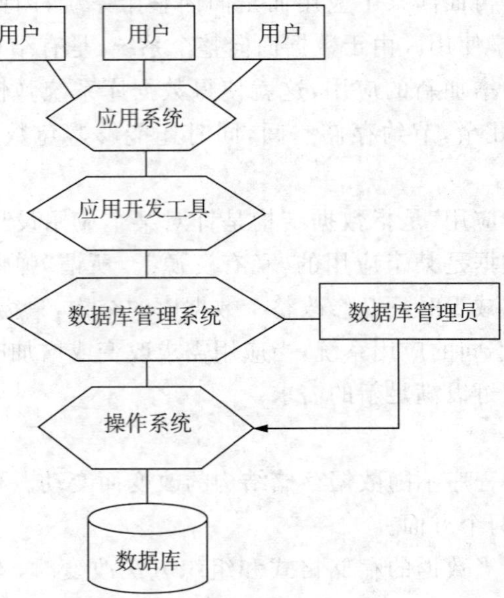

图1-4 数据库系统的组成

下面详细介绍数据库系统的组成部分,如下:

(1)数据

数据,是指数据库系统中存储在存储设备上的数据,它是数据库系统操作的对象。存储在数据库中数据具有集中性和共享性。

(2)数据库管理系统

它是指负责数据库存取、维护和管理的软件系统,提供对数据库中数据资源进行统一管理和控制的功能,起着用户程序和数据库数据之间相互隔离的作用。数据库管理系统是数据库系统的核心,其功能强弱是衡量数据库系统性能优劣的主要方面。数据库管理系统一般由计算机软件公司提供。

(3)应用程序

应用程序是指为适合用户操作、满足用户需求而编写的数据库应用程序。

(4)用户

用户是指使用数据库的人员。数据库系统中的用户主要有终端用户、应用程序员和管理员 3 类。

● 终端用户

终端用户是指计算机知识不多的工程技术人员及管理人员，只能通过数据库系统所提供的命令语言、表格语言以及菜单等交互对话手段使用数据库中的数据。

● 应用程序员

应用程序员是指为终端用户编写应用程序的软件人员，他们设计的应用程序主要用途是使用和维护数据库。

● 数据库管理员

数据库管理员（DataBase Administrator，DBA）是指全面负责数据库系统正常运转的高级人员，负责对数据库系统本身的深入研究，具体职责包括：

◆ 决定数据库的信息内容和结构；

◆ 决定数据库的存储结构和存取策略；

◆ 定义数据的安全性要求和完整性约束条件；

◆ 监督和控制数据库的使用和运行；

◆ 改进和重组数据库系统。

1.2 数据模型

模型，特别是具体模型，大家并不陌生。一张中国地图、一个漂亮的玩偶和一台仿真汽车都是具体的模型。

而数据模型（Data Model）也是一种模型，它是对现实世界数据特征的抽象。也就是说，数据模型是用来描述数据、组织数据和对数据进行操作的，是数据库管理的科学形式框架。通俗地讲，数据模型就是现实世界的模拟。

1.2.1 数据模型的分类

数据模型，通常可以分为三类（它们分属不同的层次）：

（1）概念模型，也称信息模型，它是按用户的观点来对数据和信息建模，用于数据库的概念结构设计。

（2）逻辑模型

逻辑模型是数据库系统中的主要数据模型，主要包括网状模型、层次模型、关系模型、面向对象模型、对象关系模型等，按计算机系统的观点对数据建模，用于数据库管理系统DBMS 实现。

（3）物理模型

物理模型是对数据最底层的抽象，描述数据在系统内部的表示方式和存取方法，在磁盘或磁带上的存储方式和存取方法。

数据模型之间的转换，本质上就是将现实世界中的客观对象转换为机器世界的抽象，如图 1-5 所示，抽象过程一般包括两个基本步骤，如下：（详细过程可以参见第七章内容）

(1)现实世界中的客观对象抽象为概念模型；

(2)把概念模型转换为某一 DBMS 支持的数据模型。

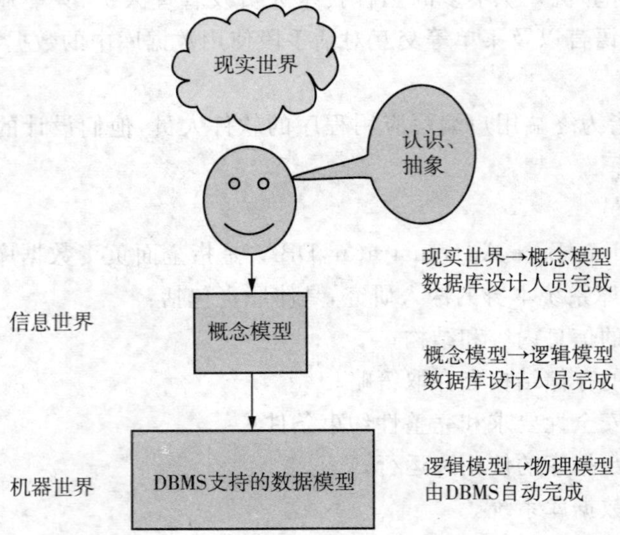

图 1-5　现实世界中客观对象的抽象过程

1.2.2　数据模型的组成要素

一般而言，数据模型主要由数据结构、数据操作和完整性约束条件三个要素组成，如图 1-6所示。

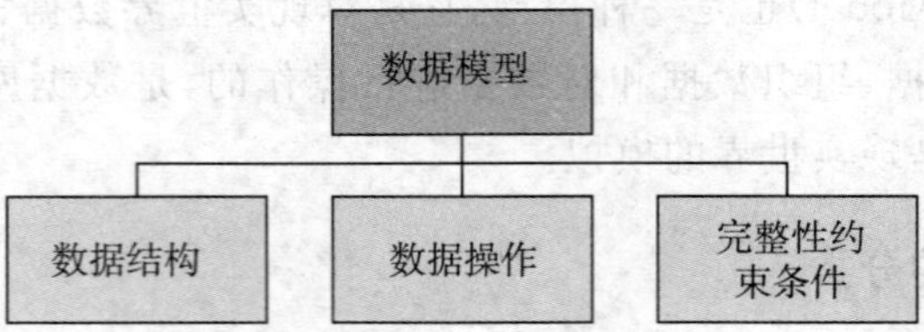

图 1-6　数据模型的三要素

(1)数据结构

描述数据库的组成对象，以及对象之间的联系。描述的内容包括与数据类型、内容、性质有关的对象、与数据之间联系有关的对象。

数据结构，是对系统静态特性的描述。

(2)数据操作

数据操作，对数据库中各种对象(型)的实例(值)允许执行的操作及有关的操作规则。数据操作的类型包括数据的查询和数据的更新(包括插入、删除、修改)。

数据模型对操作的定义，主要有：操作的确切含义、操作符号、操作规则(如优先级)和实现操作的语言。

因此，数据操作是对系统动态特性的描述。

(3)数据的完整性约束条件

数据的完整性约束条件，是一组完整性规则的集合。完整性规则是指给定的数据模型中数据及其联系所具有的制约和储存规则，用以限定符合数据模型的数据库状态以及状态的变化，以保证数据的正确、有效、相容。

数据模型对完整性约束条件的定义，用来反映和规定本数据模型必须遵守的基本的、通用的完整性约束条件。例如，在关系模型中，任何关系必须满足实体完整性和参照完整性两个条件。同时，提供定义完整性约束条件的机制，以反映具体应用所涉及的数据必须遵守的特定的语义约束条件。

1.2.3　常用的数据模型

常用的数据模型(特指逻辑模型)，根据存储结构的不同，可以划分为4大类：

第一，相对于关系模型而言，将层次模型(Hierarchical Model)和网状模型(Network Model)称之为非关系模型，其主要来源于数据结构中的非线性结构，即树和图。

第二，关系模型(Relational Model)，主要来源于数据结构中的线性结构，即表结构。

第三，面向对象模型(Object Oriented Model)，主要采用面向对象程序设计技术OO进行数据模型的设计，其思想来源于类和对象的理念，是一种比较新的技术。

第四，对象关系模型(Object Relational Model)，采用了来自关系模型和面向对象模型的优点，具有更好的扩展性。

在此，重点介绍一下层次模型、网状模型和关系模型这三种，至于面向对象模型OOM和对象关系模型OOR会在后续第9章中介绍。每种数据模型的讲解，分别按照数据模型的三个组成要素展开。

1.3　层次模型

层次模型，是数据库系统中最早出现的数据模型。层次数据库系统的典型代表是IBM公司的IMS(Information Management System)数据库管理系统。它用树形结构来表示各类实体以及实体间的联系。

1.3.1　层次数据模型的数据结构

满足下面两个条件的基本层次联系的集合为层次模型：

(1) 有且只有一个结点没有双亲结点，这个结点称为根结点；

(2) 根以外的其他结点有且只有一个双亲结点。

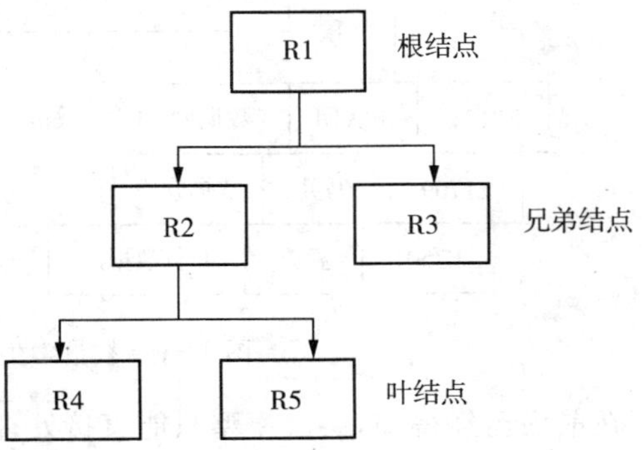

图1-7　层次模型实例

通过一个实例，如图1-7所示，来了解层次模型中的几个术语：根结点，双亲结点，兄弟结点，叶结点。

由图 1－7 可知，可以发现层次模型中的基本术语来自《数据结构》中的树，含义相同，在此不再叙述。

层次模型有以下 5 个特点：

(1)结点的双亲是唯一的。

(2)只能直接处理一对多的实体联系。

(3)每个记录类型可以定义一个排序字段，也称为码字段。

(4)任何记录值只有按其路径查看时，才能显出它的全部意义。

(5)没有一个子女记录值能够脱离双亲记录值而独立存在。

下面通过一个具体的"教员－学生"实例，来进一步了解层次模型在现实世界中的应用，如图 1－8、图 1－9 所示。

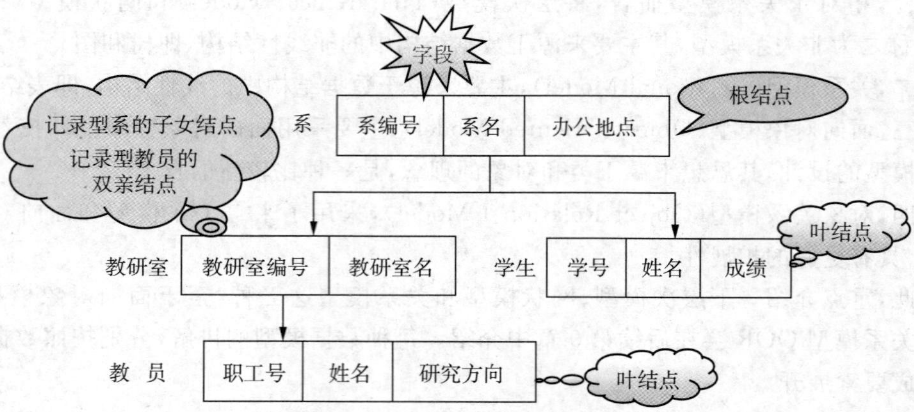

图 1－8 教员学生层次数据库模型

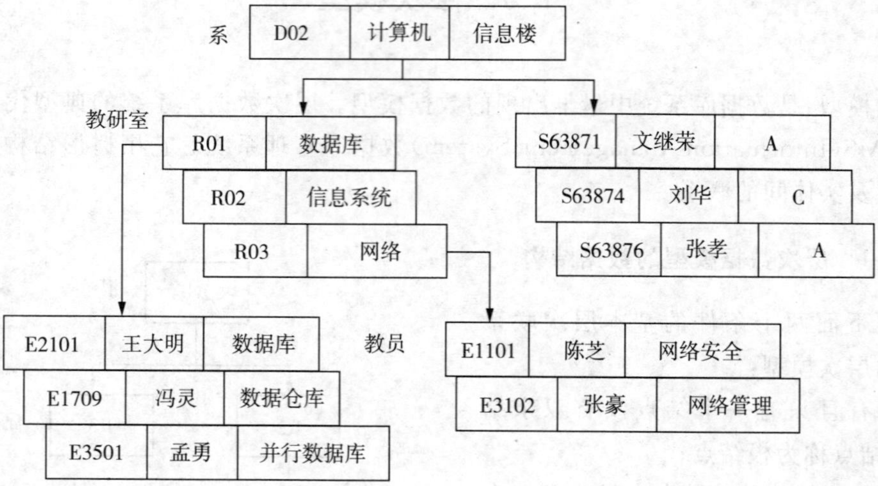

图 1－9 教员学生层次数据库的一个值

在前面已经得知，层次模型只能直接处理一对多的实体联系，那么在层次模型中可以间接表示多对多联系，主要方法是将多对多联系分解成一对多联系，分解方法：

(1)冗余结点法;

(2)虚拟结点法。

注意:由于现实主要采用关系模型,这里不再叙述,可以参考其他材料学习!

1.3.2 层次模型的数据操作与完整性约束

层次模型的数据操作,主要包括数据查询、数据更新(插入、删除和更新)。

层次模型的完整性约束条件,有以下3点:

(1)无相应的双亲结点值就不能插入子女结点值;

(2)如果删除双亲结点值,则相应的子女结点值也被同时删除;

(3)更新操作时,应更新所有相应记录,以保证数据的一致性。

1.3.3 层次模型的优缺点

1.3.3.1 层次模型的优点

■ 层次模型的数据结构比较简单清晰;

■ 查询效率高,性能优于关系模型,不低于网状模型;

■ 层次数据模型提供了良好的完整性支持。

1.3.3.2 层次模型的缺点

■ 多对多联系表示不自然;

■ 对插入和删除操作的限制多,应用程序的编写比较复杂;

■ 查询子女结点必须通过双亲结点;

■ 由于结构严密,层次命令趋于程序化。

1.3.2 网状模型

网状数据库系统,采用网状模型作为数据的组织方式。典型代表是DBTG系统,也称CODASYL系统,是70年代由DBTG提出的一个系统方案,奠定了数据库系统的基本概念、方法和技术。

1.3.2.1 网状模型的数据结构

满足下面两个条件的基本层次联系的集合为网状模型:

(1)允许一个以上的结点无双亲;

(2)一个结点可以有多于一个的双亲。

网状模型的表示方法(与层次数据模型相同),即

● 实体型

用记录类型描述,每个结点表示一个记录类型(实体)。

● 属性

用字段描述,每个记录类型可包含若干个字段。

● 联系

用结点之间的连线表示记录类型(实体)之间的一对多的父子联系。

网状模型与层次模型的区别,主要包括以下5点:

(1)网状模型允许多个结点没有双亲结点；

(2)网状模型允许结点有多个双亲结点；

(3)网状模型允许两个结点之间有多种联系(复合联系)；

(4)网状模型可以更直接地去描述现实世界；

(5)层次模型实际上是网状模型的一个特例。

由于网状模型中子女结点与双亲结点的联系可以不唯一，需要为每个联系命名，并指出与该联系有关的双亲记录和子女记录，如图 1-10 所示：

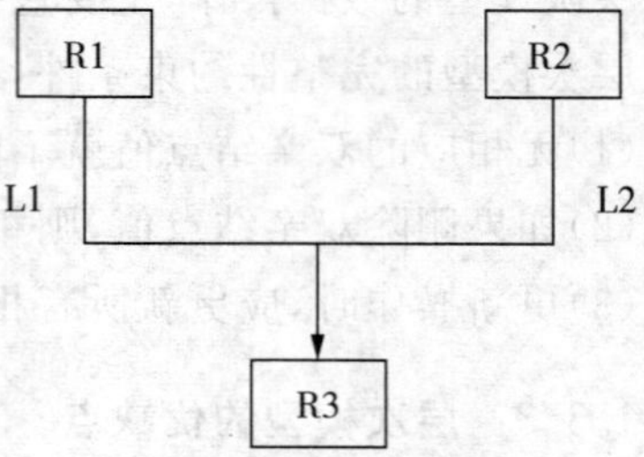

图 1-10 网状模型中的联系

由于层次模型是网状模型的特例，所以网状模型也只能直接处理一对多的实体联系，但是可以间接表示多对多联系，方法也是将多对多联系直接分解成一对多联系。

例如，一个学生可以选修若干门课程，某一课程可以被多个学生选修，学生与课程之间是多对多联系。

解：引进一个学生选课的联结记录，由 3 个数据项组成学号、课程号和成绩(表示某个学生选修某一门课程及其成绩)，如图 1-11 所示。

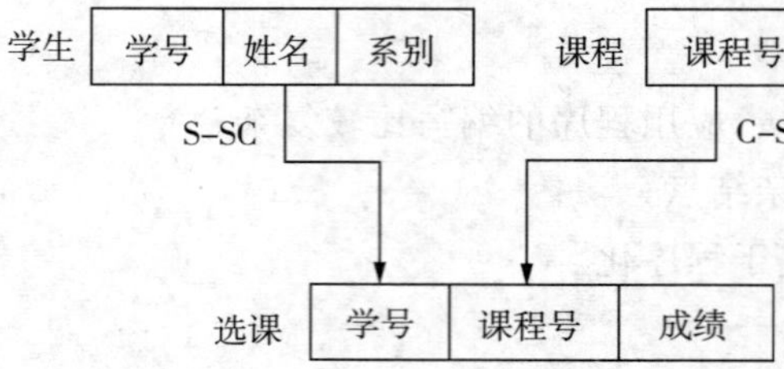

图 1-11 学生选课

1.3.2.2 网状数据模型的操作与完整性约束

网状数据库系统(如 DBTG)对数据操作加了一些限制，提供了一定的完整性约束。

■ 码：唯一标识记录的数据项的集合；

■ 一个联系中双亲记录与子女记录之间是一对多联系；

■ 支持双亲记录和子女记录之间某些约束条件。

1.3.2.3 网状数据模型的优缺点

(1)网状数据模型的优点

■ 能够更为直接地描述现实世界，如一个结点可以有多个双亲；

■ 具有良好的性能，存取效率较高。

(2)网状数据模型的缺点

■ 结构比较复杂，而且随着应用环境的扩大，数据库的结构就变得越来越复杂，不利于最终用户掌握；

■ DDL、DML 语言复杂，用户不容易使用。

1.3.3 关系模型

关系数据库系统，采用关系模型作为数据的组织方式。1970 年美国 IBM 公司 San Jose 研究室的研究员 E. F. Codd 首次提出了数据库系统的关系模型。计算机厂商新推出的数据库管理系统几乎都支持关系模型。

在本节里，主要是从用户角度出发，来简要地讲解关系模型的三个组成要素，关于其详细的讲解见后续章节。

1.3.3.1 关系数据模型的数据结构

在用户观点下，关系模型中数据的逻辑结构是一张二维表，它由行和列组成，见表1－1。

表 1－1　关系模型实例

学号	姓名	年龄	性别	系名	年级
2005004	王小明	19	女	社会学	2005
2005006	黄大鹏	20	男	商品学	2005
2005008	张文斌	18	女	法律	2005
…	…	…	…	…	…

关系数据模型中经常使用的基本术语，如下：

(1)关系(Relation)

一个关系对应通常说的一张表。

(2)元组(Tuple)

表中的一行即为一个元组。

(3)属性(Attribute)

表中的一列即为一个属性，给每一个属性起一个名称即属性名。

(4)主码(Key)

表中的某个属性组，它可以唯一确定一个元组。

(5)域(Domain)

属性的取值范围。

(6)分量

元组中的一个属性值。

(7)关系模式

对关系的描述，关系名(属性 1，属性 2，…，属性 n)

例如：

学生(学号，姓名，年龄，性别，系，年级)。

在关系模型中能够较好地解决在非关系模型(层次模型和网状模型)中出现的无法直接表示多对多联系。

例 1　学生、系、系与学生之间的一对多联系：

学生(学号，姓名，年龄，性别，系号，年级)；

系（系号,系名,办公地点）。

例 2　学生、课程、学生与课程之间的多对多联系：

学生(学号,姓名,年龄,性别,系号,年级)；

课程(课程号,课程名,学分)；

选修(学号,课程号,成绩)。

总之,关系必须是规范化的,满足一定的规范条件。最基本的规范条件:关系的每一个分量必须是一个不可分的数据项,即不允许表中还有表,如图 1－12 所示。在图 1－12 中工资和扣除是可分的数据项,所以不符合关系模型基本要求。

职工号	姓名	职 称	工 资			扣 除		实 发
			基 本	津 贴	职务	房 租	水 电	
86051	陈 平	讲 师	1305	1200	50	160	112	2283
…	…	…	…	…	…	…	…	…

图 1－12　非关系模型实例

关系模型与表之间术语的对照表,见表 1－2。

表 1－2　关系模型与表之间术语的对照

关系术语	一般表格的术语
关系名	表名
关系模式	表头(表格的描述)
关系	(一张)二维表
元组	记录或行
属性	列
属性名	列名
属性值	列值
分量	一条记录中的一个列值
非规范关系	表中有表(大表中嵌有小表)

1.3.3.2　关系数据模型的操作与完整性约束

数据操作是集合操作,操作对象和操作结果都是关系,其数据操作主要包括数据查询、数据更新(插入、删除和更新)。

数据操作是集合操作,操作对象和操作结果都是关系,即若干元组的集合。

相对于非关系模型而言,存取路径对用户隐蔽,用户只要指出“干什么”,不必详细说明“怎么干”。

关系的完整性约束条件包括三种:实体完整性、参照完整性和用户定义的完整性。

1.3.3.3 关系数据模型的优缺点

(1)关系数据模型的优点

建立在严格的数学概念的基础上。

■ 概念单一

● 实体和各类联系都用关系来表示;

● 对数据的检索结果也是关系。

■ 关系模型的存取路径对用户透明

● 具有更高的数据独立性,更好的安全保密性;

● 简化了程序员的工作和数据库开发建立的工作。

(2)关系数据模型的缺点

存取路径对用户透明,导致查询效率往往不如非关系数据模型为提高性能,必须对用户的查询请求进行优化,增加了开发 DBMS 的难度。

1.4 概念模型

概念模型用于信息世界的建模,是现实世界到机器世界的一个中间层次,是数据库设计的有力工具,也是数据库设计人员和用户之间进行交流的语言。

同数据模型一样,对于概念模型也有一定的基本要求,如下:

(1)较强的语义表达能力;

(2)能够方便、直接地表达应用中的各种语义知识;

(3)简单、清晰、易于用户理解。

1.4.1 信息世界中的基本概念

(1)实体(Entity)

实体,是指在现实世界中客观存在并可相互区别的事物。它可以是具体的人、事、物或抽象的概念。比如一辆汽车、一名学生或一个玩具等。

(2)属性(Attribute)

实体所具有的某一特性称为属性。一个实体可以由若干个属性来刻画。比如一名学生,包括的属性有学号、姓名、年龄和性别等。

(3)码(Key)

唯一标识实体的属性集称为码。比如在学生实体的属性中,学号能够唯一确定一名学生,因此学号则为学生实体的码。

(4)域(Domain)

属性的取值范围称为该属性的域。比如学号的取值为整型,长度为10;性别的取值范围为男或者女。

(5)实体型(Entity Type)

用实体名及其属性名集合来抽象和刻画同类实体称为实体型。比如学生实体型的描述如下：

学生(学号，姓名，年龄，性别，所在系)。

(6)实体集(Entity Set)

同一类型实体的集合称为实体集。比如学生实体集、教师实体集和汽车实体集等。

(7)联系(Relationship)

现实世界中事物内部以及事物之间的联系在信息世界中反映为实体内部的联系和实体之间的联系，主要分为两种：

第一种，实体内部的联系通常是指组成实体的各属性之间的联系。

第二种，实体之间的联系通常是指不同实体集之间的联系。

在概念模型中，主要讲解第 2 类联系，即不同实体集之间的联系。至于实体内部的联系，将会在后续章节详细讲解。

1.4.2 实体之间的联系

实体之间的联系，通常是指不同实体集之间的联系，根据应用范围，可以分为三大类：

1.4.2.1 两个实体型之间的联系

(1)一对一联系(1∶1)

如果对于实体集 **A** 中的每一个实体，实体集 **B** 中至多有一个(也可以没有)实体与之联系，反之亦然，则称实体集 **A** 与实体集 **B** 具有一对一联系，记为 1∶1。

例如，一个班级只有一个正班长，一个班长只在一个班中任职，说明了班级实体集和班长实体集之间的联系为 1∶1。

(2)一对多联系(1∶n)

如果对于实体集 **A** 中的每一个实体，实体集 **B** 中有 n 个实体($n \geqslant 0$)与之联系，反之，对于实体集 **B** 中的每一个实体，实体集 **A** 中至多只有一个实体与之联系，则称实体集 **A** 与实体集 **B** 有一对多联系，记为 1∶n。

例如，一个班级中有若干名学生，每个学生只在一个班级中学习，说明了班级实体集和学生实体集之间的联系为 1∶n。

(3)多对多联系(m∶n)

如果对于实体集 **A** 中的每一个实体，实体集 **B** 中有 n 个实体($n \geqslant 0$)与之联系，反之，对于实体集 **B** 中的每一个实体，实体集 **A** 中也有 m 个实体($m \geqslant 0$)与之联系，则称实体集 **A** 与实体 **B** 具有多对多联系，记为 m∶n。

例如，一门课程同时有若干个学生选修，一个学生可以同时选修多门课程，说明了课程实体集和学生实体集之间的联系为 m∶n。

通过以上联系的定义，我们可以发现 1∶1 联系实际上是 1∶n 联系的特例，然而 1∶n 联系又是 m∶n 联系的特例。

1.4.2.2 两个以上实体型之间的联系

(1)两个以上实体型之间一对多联系

若实体集 **E**1，**E**2，...，**E**n 存在联系，对于实体集 **E**j($j=1,2,\ldots,i-1,i+1,\ldots,n$)中的给定实体，最多只和 **E**$i$ 中的一个实体相联系，则我们说 **E**i 与 **E**1，**E**2，...，**E**$i-1$，**E**$i+1$，

...,En之间的联系是一对多的。

例如,课程、教师与参考书三个实体型之间是一对多联系。其现实世界语义为:

一门课程可以有若干个教师讲授,使用若干本参考书,每一个教师只讲授一门课程,每一本参考书只供一门课程使用。

(2)多个实体型间的一对一联系

例如,医护人员、病房、病人三个实体型是1对1联系。其现实世界语义为:

在VIP病房中,一个病人住在一个病房中有专门的医护人员负责照料;一个病房只供给一位病人和使用;一个医护人员只负责一个病人的照料。

(3)两个以上实体型间的多对多联系

例如,供应商、项目、零件三个实体型是多对多联系。其现实世界语义为:

一个供应商可以供给多个项目多种零件;每个项目可以使用多个供应商供应的零件;每种零件可由不同供应商供给。

1.4.2.3　单个实体型内的联系

单个实体型内的联系是指在同一个实体集中存在着不同的1∶1联系、1∶n联系和m∶n联系。

例如,职工实体型内部具有领导与被领导的联系,是一对多的联系。其现实世界语义为:

某一职工(干部)"领导"若干名职工,一个职工仅被另外一个职工直接领导

1.4.3　概念模型的表示方法——E－R图

在数据库设计过程中,概念模型经常用实体—联系方法(E—R方法)来表示,即用E—R图来描述现实世界的概念模型,因此,概念模型也称为E—R模型。

在E—R图中,主要包括实体、属性和联系三个要素,分别用不同的图形来表示,下面进行详细介绍。

1.4.3.1　实体

用矩形表示,矩形框内写明实体名,如图1－13所示。

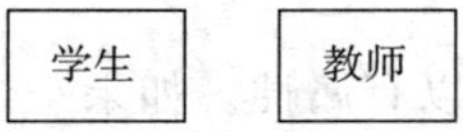

图1－13　实体标记图

1.4.3.2　属性

用椭圆形表示,并用无向边将其与相应的实体连接起来,如图1－14所示。

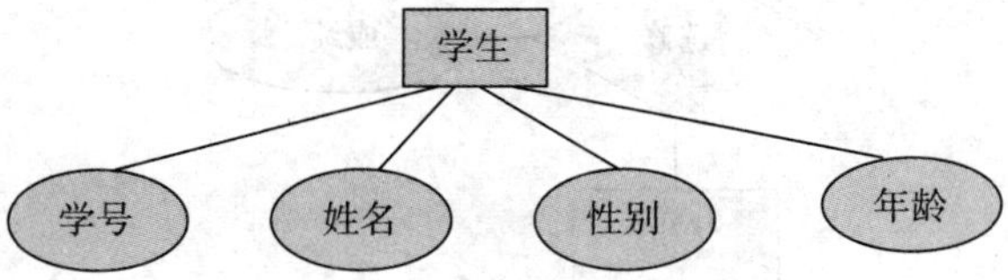

图1－14　实体及其属性标记图

1.4.3.3 联系

(1)联系本身

用菱形表示,菱形框内写明联系名,并用无向边分别与有关实体连接起来,同时在无向边旁标上联系的类型(1∶1,1∶n 或 m∶n),如图 1-15 所示。

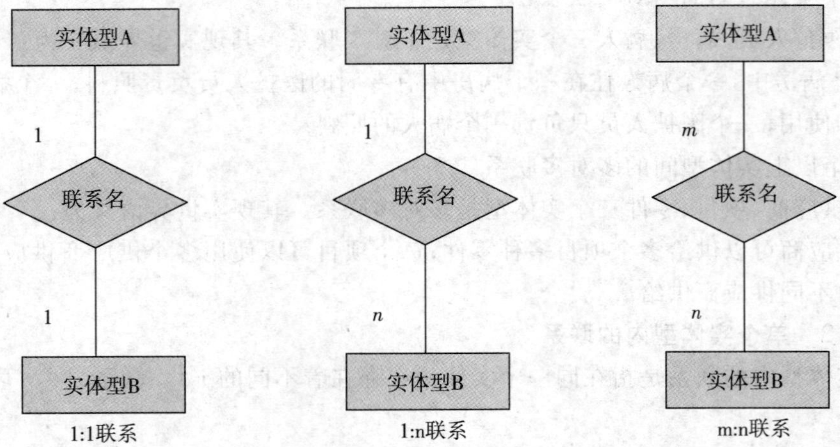

图 1-15 实体联系图

对于以上几个实例,用 E—R 图可以描述得到,如图 1-16 所示。

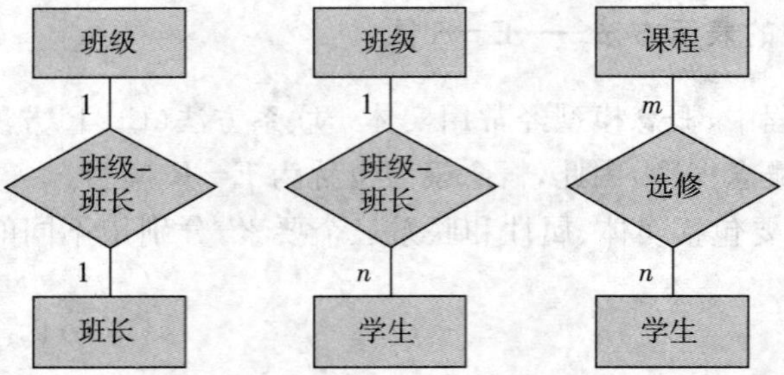

图 1-16 实例 E—R 图

(2)联系的属性

联系本身也是一种实体型,也可以有属性。如果一个联系具有属性,则这些属性也要用无向边与该联系连接起来,如图 1-17 所示。

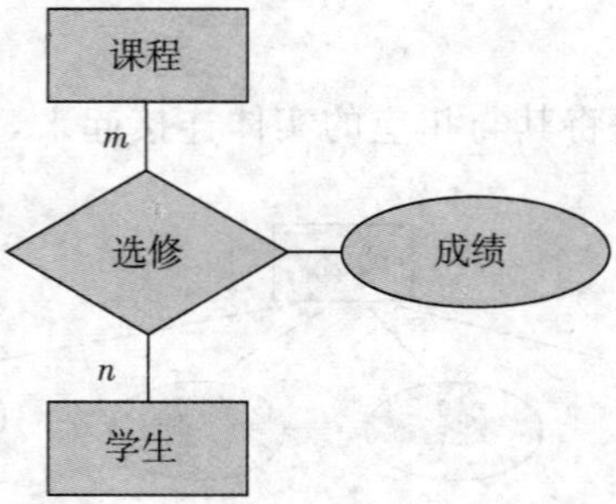

图 1-17 "联系"自带属性的 E—R 图

1.4.4　E—R 图实例

下面举个实例，用 E—R 图表示某个工厂物资管理的概念模型。已知工厂物资管理系统中包括的实体以及实体的属性，如下：

- 仓库：仓库号、面积、电话号码；
- 零件：零件号、名称、规格、单价、描述；
- 供应商：供应商号、姓名、地址、电话号码、账号；
- 项目：项目号、预算、开工日期；
- 职工：职工号、姓名、年龄、职称。

根据其现实世界的语义，可以得到实体之间的联系如下：

(1)一个仓库可以存放多种零件，一种零件可以存放在多个仓库中。仓库和零件具有多对多的联系。用库存量来表示某种零件在某个仓库中的数量。

(2)一个仓库有多个职工当仓库保管员，一个职工只能在一个仓库工作，仓库和职工之间是一对多的联系。职工实体型中具有一对多的联系。

(3)职工之间具有领导－被领导关系。即仓库主任领导若干保管员。

(4)供应商、项目和零件三者之间具有多对多的联系。

解:第一步，根据题目描述的现实世界语义，可以找出该工厂物资管理系统涉及的实体，包括仓库、零件、供应商、项目和职工，画出实体一属性的局部 E—R 图，如图 1-18 所示。

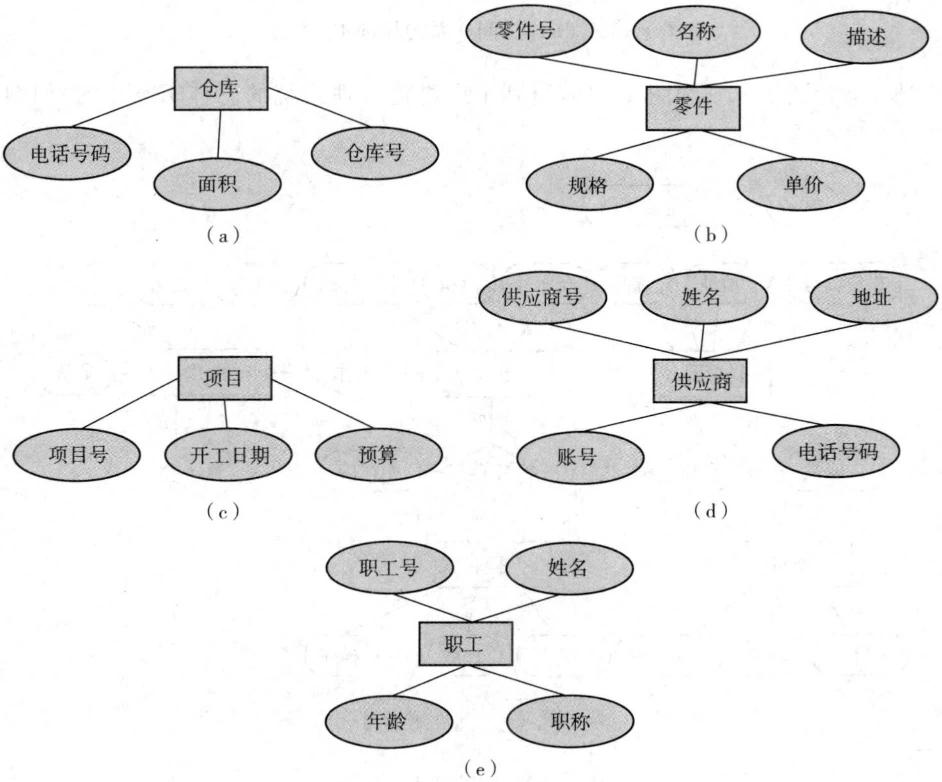

图 1-18　实体一属性的局部 E—R 图

第二步，根据现实语义的描述，找出这 5 个实体之间的联系类型，画出实体之间联系的局部 E—R 图，如图 1-19 所示。

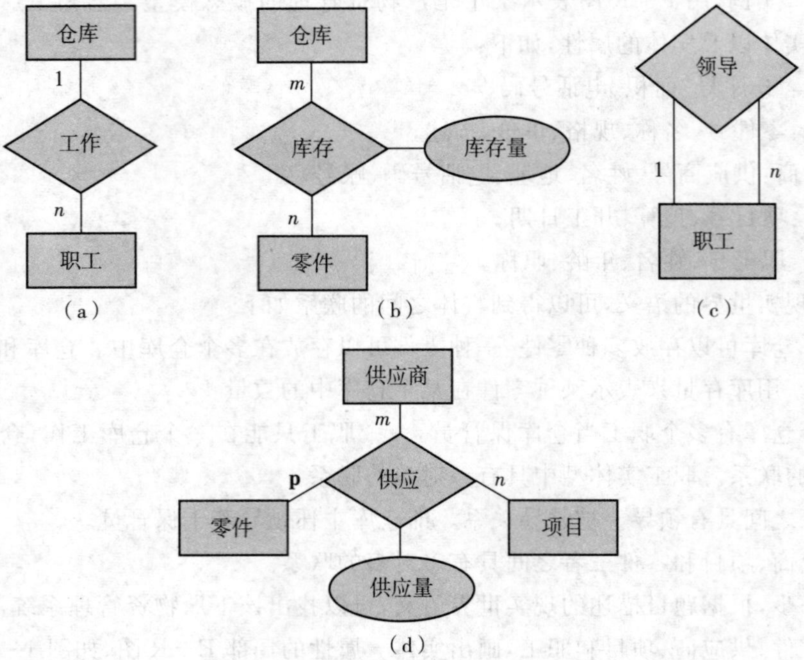

图 1-19　实体之间联系的局部 E—R 图

第三步，综合图 1-18 和图 1-19，得到工厂物资管理系统的总体 E—R 图，如图 1-20 所示。

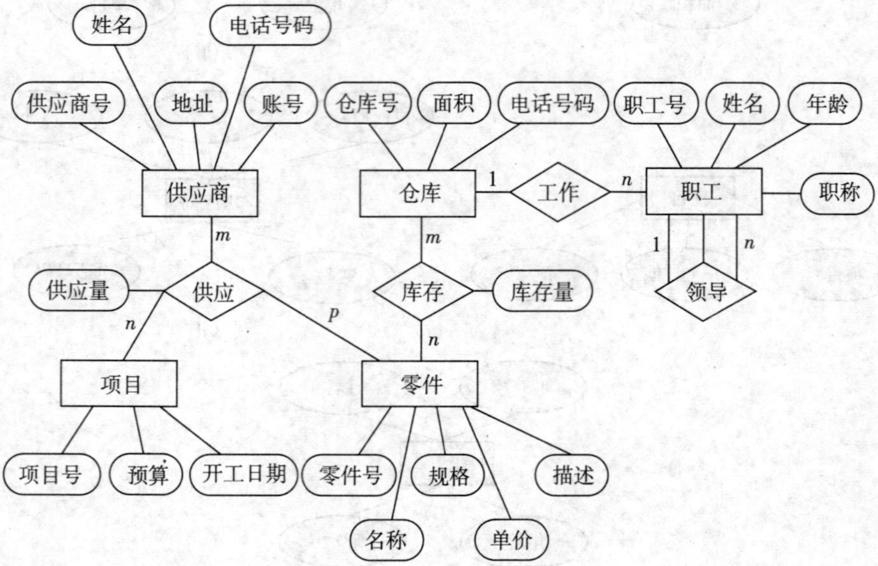

图 1-20　完整的 E—R 图

最后，总结一下 E—R 图画法的基本步骤，包括以下三步：

第一步，从现实世界语义中，找出实体及其实体的属性，画出实体－属性的局部 E—R 图。

第二步，根据现实语义的描述，进一步找出实体与实体之间的联系，画出实体之间联系的局部 E—R 图。

第三步，综合第一、二步中的局部 E—R 图，整理得到完整的系统 E—R 图。

1.5　数据库系统结构

从数据库管理系统角度看，数据库系统通常采用三级模式结构，是数据库系统内部的系统结构。从数据库最终用户角度看（数据库系统外部的体系结构），数据库系统的结构可以分为：单用户结构、主从式结构、分布式结构、客户/服务器和浏览器/应用服务器/数据库服务器多层结构等。

1.5.1　数据库系统模式的概念

本节主要讲解数据库系统的三级模式结构，即模式、外模式和内模式。

在讲解数据库三级模式结构之前，先来了解一下“型”和“值”的概念。型（Type），是对某一类数据的结构和属性的说明，而值（Value），是型的一个具体赋值。

例如：

学生记录型，如下：

学生（学号，姓名，性别，系别，年龄，籍贯）。

学生记录型中的一个具体学生值，如下：

（900201，李明，男，计算机，22，江苏）。

可以发现，一个型是固定不变的，而值是动态变化的；一个型可以对应有多个不同的值，每个值必须依附于自己的型。比如，新学年开始，学校为统计新生的信息，为每一名到校的学生发放“新生入校信息登记表”，那么它可以比作是型，因为每名学生领到表格的格式是一模一样的；但是，每名学生所填写的信息则大相径庭，其可比作为值。

这种“型”和“值”的对应关系反映在数据库系统中，被称作为“模式”和“实例”。模式（Schema），是指数据库逻辑结构和特征的描述，是型的描述，反映的是数据的结构及其联系，因此模式是相对稳定的。

实例（Instance），是指模式的一个具体值，反映数据库某一时刻的状态，同一个模式可以有很多实例，实例随数据库中的数据的更新而变动。

例如，在学生选课数据库模式中，包含学生记录、课程记录和学生选课记录。

■ 2016 年的一个学生数据库实例，包含：

➤ 2016 年学校中所有学生的记录；

➤ 学校开设的所有课程的记录；

➤ 所有学生选课的记录。

■ 2017 年度学生数据库模式对应的实例与 2016 年度学生数据库模式对应的实例是不同的。

1.5.2 三级模式结构

数据库系统的三级模式结构，即模式、外模式和内模式，如图 1－21 所示。

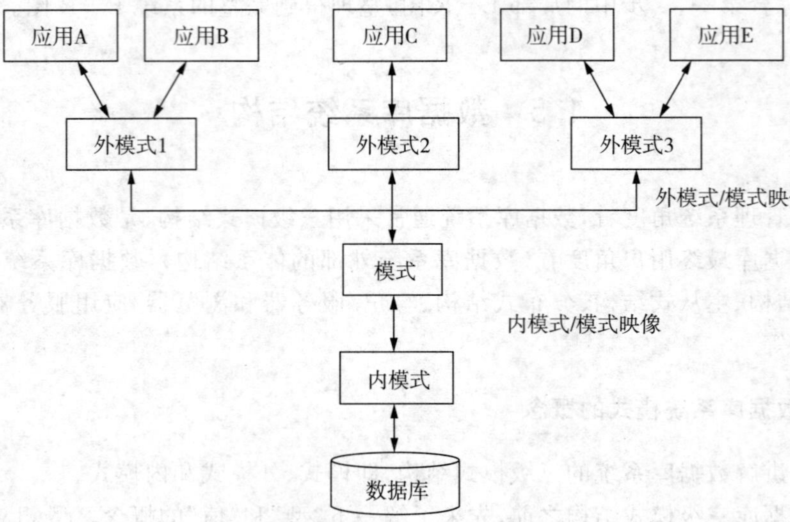

图 1－21 数据库系统的三级模式结构

1.5.2.1 模式(Schema)

模式(也称逻辑模式)，对应于数据模型中的“逻辑模型”，是数据库中全体数据的逻辑结构和特征的描述，是所有用户的公共数据视图，综合了所有用户的需求，其特点：一个数据库只有一个模式。

模式的地位：是数据库系统模式结构的中间层，与数据的物理存储细节和硬件环境无关，与具体的应用程序、开发工具及高级程序设计语言无关。

模式主要用来定义数据的逻辑结构(数据项的名字、类型、取值范围等)、数据之间的联系和数据有关的安全性、完整性要求。

1.5.2.2 外模式(External Schema)

外模式(也称子模式或用户模式)，是数据库用户(包括应用程序员和最终用户)使用的局部数据的逻辑结构和特征的描述，数据库用户的数据视图，是与某一应用有关的数据的逻辑表示。

外模式的地位介于模式与应用之间，模式与外模式的关系是一对多，外模式通常是模式的子集，一个数据库可以有多个外模式。反映了不同的用户的应用需求、看待数据的方式、对数据保密的要求，对模式中同一数据，在外模式中的结构、类型、长度、保密级别等都可以不同

同时，外模式与应用的关系是一对多，同一外模式也可以为某一用户的多个应用系统所使用，但一个应用程序只能使用一个外模式。

外模式的用途主要在于保证数据库安全性是一种非常有力措施，每个用户只能看见和

访问所对应的外模式中的数据。

1.5.2.3　内模式(Internal Schema)

内模式(也称存储模式,物理模式),对应于数据模型中的"物理模型",是数据物理结构和存储方式的描述,是数据在数据库内部的表示方式。其特点:一个数据库只有一个内模式,也被称为系统程序员视图。

DBMS提供内模式描述语言(内模式DDL)来严格地定义内模式。

1.5.3　二级映像功能与数据独立性

三级模式是对数据的三个抽象级别,二级映像在DBMS内部实现这三个抽象层次的联系和转换:

(1)外模式/模式映像

(2)模式/内模式映像

1.5.3.1　外模式/模式映像

模式是描述的是数据的全局逻辑结构;外模式是描述的是数据的局部逻辑结构。同一个模式可以有任意多个外模式,每一个外模式,数据库系统都有一个外模式/模式映像,定义外模式与模式之间的对应关系映像定义通常包含在各自外模式的描述中。

外模式/模式映像的作用是保证数据的逻辑独立性。

当模式改变时,数据库管理员修改有关的外模式/模式映象,使外模式保持不变应用程序是依据数据的外模式编写的,从而应用程序不必修改,保证了数据与程序的逻辑独立性,简称数据的逻辑独立性。

1.5.3.2　模式/内模式映像

模式/内模式映像定义了数据全局逻辑结构与存储结构之间的对应关系。数据库中模式/内模式映像是唯一的,该映像定义通常包含在模式描述中。

模式/内模式映像的作用是保证数据的物理独立性。

当数据库的存储结构改变了(例如选用了另一种存储结构),数据库管理员修改模式/内模式映像,使模式保持不变,应用程序不受影响。保证了数据与程序的物理独立性,简称数据的物理独立性。

总之,数据库模式即全局逻辑结构是数据库的中心与关键,它独立于数据库的其他层次,设计数据库模式结构时应首先确定数据库的逻辑模式。

数据库的内模式依赖于它的全局逻辑结构,独立于数据库的用户视图,即外模式;独立于具体的存储设备,将全局逻辑结构中所定义的数据结构及其联系按照一定的物理存储策略进行组织,以达到较好的时间与空间效率。

数据库的外模式是面向具体的应用程序,定义在逻辑模式之上,独立于存储模式和存储设备,当应用需求发生较大变化,相应外模式不能满足其视图要求时,该外模式就得做相应改动,设计外模式时应充分考虑到应用的扩充性。

另外,特定的应用程序在外模式描述的数据结构上编制的,它依赖于特定的外模式,与数据库的模式和存储结构独立,不同的应用程序有时可以共用同一个外模式。

最后,数据库的二级映像保证了数据库外模式的稳定性,从底层保证了应用程序的稳定性，除非应用需求本身发生变化，否则应用程序一般不需要修改。

本章小结

数据库技术已经涉及社会的各个应用领域。本章主要介绍了数据库中的基本概念、数据管理技术的发展、数据库系统的特点和数据库系统的三级模式结构与二级映像功能，重点讲解了数据库系统的核心——数据模型，从其三个组成要素的角度出发，分别描述了常用的层次模型、网状模型和关系模型，并详细介绍概念模型的表示方法——E－R图。

练 习 题

1. 请解释下列名词的含义。

(1)DB (2)DBMS (3)DBS (4)DBAS

2. 数据管理技术的发展分为哪几个阶段？

3. 什么是数据的独立性？数据库系统中为什么具有数据独立性的特点？

4. 简述数据库系统的三级模式结构与二级映像功能。

5. 数据模型是数据库系统的核心，它分为哪几种模型？

6. 已知现实世界信息如下：

“商店”实体集的属性有：商店编号、店名、店址、店经理；

“会员”实体集的属性有：会员编号、会员名、地址；

“职工”实体集的属性有：职工编号、职工姓名、性别、工资。

每家商店有若干职工，但每个职工只能服务于一家商店；每家商店有若干会员，每个会员可以属于多家商店。在联系中应反映出职工参加某商店工作的开始时间，会员的加入时间。

问题：画出商店、会员和职工三个实体集之间的E－R图。

第二章 关系数据库

关系数据库是支持关系模型的数据库系统，应用数学方法来处理数据库中的数据。本章将集中讨论关系数据库的相关问题，讲解关系模型的基本概念，即关系模型的三个组成要素：关系模型的数据结构、关系操作和关系的完整性约束条件，重点讲解关系代数表达式在关系数据库中的应用。

2.1 关系数据模型

关系数据库系统是支持关系模型的数据库系统。在第一章中已经初步介绍了关系模型，同时介绍了关系模型的一些基本术语。这一章将从数学角度深入讲解关系模型。

按照数据模型的三个组成要素，关系模型由关系数据结构、关系操作集合和关系完整性约束条件三个部分组成，如图 2－1 所示。

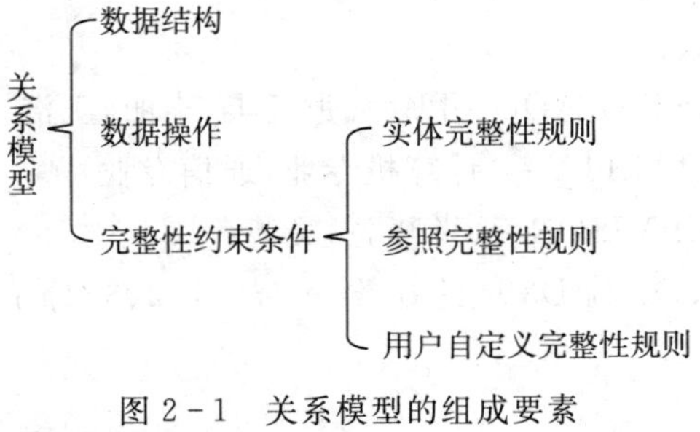

图 2－1 关系模型的组成要素

下面将分别介绍关系模型的三个方面。其中，2.2 节讲解关系数据结构，包括关系的形式化定义及其相关概念；2.3 节讲解关系操作，包括数据查询和数据更新；2.4 节讲解关系的三类完整性约束条件；2.5 节讲解关系代数，是关系数据库系统中实现关系操作的一种语言。最后，在 2.6 节中简单讲解关系演算语言，它也是关系数据库系统中实现关系操作的一种语言。

2.2 关系的数据结构以及形式化定义

2.2.1 关系

关系模型的数据结构非常简单，只包含单一的数据结构——关系。现实世界的实体以及实体间的各种联系均用关系来表示。从用户角度，关系模型中数据的逻辑结构是一张二维表，但它是建立在集合代数的基础上，在此，这里从数学集合论角度来给出关系数据结构的形式化定义。

(1)域(Domain)

域是一组具有相同数据类型的值的集合。例如，整数、实数、介于某个取值范围的整数、长度指定的字符串集合或者{'男','女'}等等。

(2)笛卡尔积(Cartesian Product)

给定一组域 $D1,D2,\cdots,Dn$，这些域中可以有相同的。$D1,D2,\cdots,Dn$ 的笛卡尔积为：

$D1\times D2\times\cdots\times Dn=\{(d1,d2,\cdots,dn)\mid di\in Di,i=1,2,\cdots,n\}$

说明：笛卡尔积中每一个元素 $(d1,d2,\cdots,dn)$ 叫作一个 n 元组(n－tuple)或简称元组(Tuple)。

笛卡尔积元素 $(d1,d2,\cdots,dn)$ 中的每一个值 di，叫作一个分量。

简而言之，笛卡尔积是所有域的所有取值的一个组合，并且元组不能重复。

若 $Di(i=1,2,\cdots,n)$ 为有限集，其 Di 的基数为 mi(即域中值的个数)$(i=1,2,\cdots,n)$，则笛卡尔积 $D1\times D2\times\cdots\times Dn$ 的基数 M 为：

$$M=\prod_{i=1}^{n}m_i$$

可见，笛卡尔积的基数等于每个域的基数连乘，同时，它可表示为一个二维表，表中的每行对应一个元组，表中的每列对应一个域。

例如，给出以下 3 个域：

$D1$＝研究生集合 POSTGRADUATE＝{张三丰，李丽，王浩}

$D2$＝专业集合 SPECIALITY＝{计算机专业，通信专业}

$D3$＝导师集合 SUPERVISOR＝{肖晓亮，吴芳}

由以上定义可知，$D1$、$D2$ 和 $D3$ 域的基数 $mi(i=1、2、3)$ 分别是 3、2 和 2，则 $D1$、$D2$ 和 $D3$ 的笛卡尔积为

$D1\times D2\times D3$＝{
(张三丰，计算机专业，肖晓亮)，(张三丰，计算机专业，吴芳)，
(张三丰，通信专业，肖晓亮)，(张三丰，通信专业，吴芳)，
(李丽，计算机专业，肖晓亮)，(李丽，计算机专业，吴芳)，
(李丽，通信专业，肖晓亮)，(李丽，通信专业，吴芳)，
(王浩，计算机专业，肖晓亮)，(王浩，计算机专业，吴芳)，
(王浩，通信专业，肖晓亮)，(王浩，通信专业，吴芳)，
}

其中，(张三丰，计算机专业，肖晓亮)，(张三丰，计算机专业，吴芳)等都是元组。张三丰、计算机专业、肖晓亮、吴芳等都是分量。

那么该笛卡尔积的基数 $M=m1\times m2\times m3=3\times 2\times 2=12$，也就是说，$D1\times D2\times D3$ 一共有 12 个元组。这 12 个元组可列成一张二维表，见表 2－1。

表 2-1　D1×D2×D3 的笛卡尔积

POSTGRADUATE	SPECIALITY	SUPERVISOR
张三丰	计算机专业	肖晓亮
张三丰	计算机专业	吴芳
张三丰	通信专业	肖晓亮
张三丰	通信专业	吴芳
李丽	计算机专业	肖晓亮
李丽	计算机专业	吴芳
李丽	通信专业	肖晓亮
李丽	通信专业	吴芳
王浩	计算机专业	肖晓亮
王浩	计算机专业	吴芳
王浩	通信专业	肖晓亮
王浩	通信专业	吴芳

(3)关系(Relation)

从表 2-1 中可以发现,笛卡尔积本身是一个二维表,但是它无法正确表达现实世界的语义。比如,张三丰这名研究生,分别跨两个专业,还具有两位导师,很显然这违背现实世界的语义,因此,应该在笛卡尔积基础上,加上限制条件,来表达关系的定义。

定义　$D1 \times D2 \times \cdots \times Dn$ 的子集,叫作在域 $D1, D2, \cdots, Dn$ 上的关系,表示为

$$R(D1, D2, \cdots, Dn)$$

说明:

R:关系名;n:关系的目或度(Degree)

关系是笛卡尔积的有限子集,所以关系也是一个二维表,表的每一行对应一个元组,表的每一列对应一个域。

下面简单介绍一下关系的相关基本概念。

(1)元组

关系中的每个元素是关系中的元组,通常用 t 表示。

(2)种类

当 $n=1$ 时,称该关系为单元关系(Unary relation)或一元关系。

当 $n=m$ 时,称该关系为多元关系(Binary relation)

(3)属性

关系中不同列可以对应相同的域,比如表 2-1 中的 POSTGRADUATE 和 SUPERVISOR。为了加以区分,必须对每列起一个名字,称为属性(Attribute)。

因此,n 目(元)关系必有 n 个属性。

(4)码

若关系中的某一属性或属性组的值能唯一地标识一个元组,则称该属性(组)为候选码

(Candidate key)。若一个关系有多个候选码,则选定其中一个为主码(Primary key)。

候选码中的诸属性,称为主属性(Prime attribute),不包含在任何候选码中的属性称为非主属性(Non-Prime attribute)或非码属性(Non-key attribute)。

简单的情况:候选码只包含一个属性。

最极端的情况:关系模式的所有属性组是这个关系模式的候选码,称为全码(All-key)。

一般来说,$D1,D2,\cdots,Dn$ 的笛卡尔积的某个子集才有实际含义,也就是所谓的关系。

例如,表 2-1 中的笛卡尔积没有实际意义,因此取出有实际意义的元组来构造一个关系。

关系:SAP(POSTGRADUATE,SPECIALITY,SUPERVISOR)

假设:导师与专业:1∶1, 导师与研究生:1∶n

主码:POSTGRADUATE(假设研究生不会重名)

那么,SAP 关系可以包含三个元组,即

{(张三丰, 计算机专业,肖晓亮),

(李丽, 通信专业,吴芳),

(王浩,计算机专业,肖晓亮)}

关系 SAP 所对应的一张二维表,见表 2-2。

表 2-2 关系 SAP

POSTGRADUATE	SPECIALITY	SUPERVISOR
张三丰	计算机专业	肖晓亮
李丽	通信专业	吴芳
王浩	计算机专业	肖晓亮

(5)三类关系

关系可以有三种类型:

● 基本关系(基本表或基表)

是指实际存在的表,是实际存储数据的逻辑表示。

● 查询表

是指查询结果对应的表。

● 视图表

是指由基本表或其他视图表导出的表,是一个虚表,不对应实际存储的数据。

(6)关系的基本性质

① 列是同质的(Homogeneous);

② 不同的列可出自同一个域:其中的每一列称为一个属性;不同的属性要给予不同的属性名;

③ 列的顺序无所谓,列的次序可以任意交换;

④ 任意两个元组的候选码不能相同;

⑤ 行的顺序无所谓,行的次序可以任意交换;

⑥ 分量必须取原子值，这是规范条件中最基本的一条。

例如，表 2-3 是一个非规范化关系的实例。

表 2-3　非规范化关系

SUPERVISOR	SPECIALITY	POSTGRADUATE	
		PG1	PG2
张清玫	信息专业	李勇	刘晨
刘逸	信息专业	王敏	

小表

2.2.2　关系模式

在第一章已经提到，在数据库中要区分型和值。在关系数据库中，关系模式是型，关系是值。关系模型是对关系型的描述，那么一个关系需要描述哪些方面呢？

对一个关系模型的描述，需要包括以下三个方面：

(1)元组集合的结构：属性构成、属性来自的域、属性与域之间的映象关系；

(2)元组语义以及完整性约束条件；

(3)属性间的数据依赖关系集合。

因此，可以将关系模型定义如下：

定义　关系的描述称为关系模型(Relation Schema)，它可以形式化地表示为

R(U,D,DOM,F)

其中，**R** 为关系名；**U** 为组成该关系的属性名集合；**D** 为属性组 **U** 中属性所来自的域；**DOM** 为属性向域的映象集合；**F** 为属性间的数据依赖关系集合。

注意：关于属性间的数据依赖关系将在第四章讨论，本章中关系模型仅涉及关系名、各个属性名、域名、属性向域的映像四个部分，即 **R(U,D,DOM)**。

例如：

导师和研究生出自同一个域——人，为了区分取不同的属性名，并在模式中定义属性向域的映象，即说明它们分别出自哪个域：

DOM(SUPERVISOR－PERSON)＝PERSON

DOM(POSTGRADUATE－PERSON)＝PERSON

通常在实际的应用中，关系模式可以简记为

R (U)

或

R (A1,A2,…,A*n*)

其中，**R** 为 关系名；**A1**，**A2**，…，**A*n*** 为属性名。

注意：域名及属性向域的映象，常常直接说明为属性的类型、长度。

总之,关系模式是对关系的描述,是静态的、稳定的;而关系是指关系模式在某一时刻的状态或内容,是动态的、随时间不断变化的。

一般将关系模式和关系往往统称为关系,需要通过上下文来进行判断。

2.2.3 关系数据库

在一个给定的应用领域中,所有关系的集合构成一个关系数据库。

同关系模型一样,关系数据库也有型和值之分。关系数据库的型也称为关系数据库模式,是对关系数据库的描述。

关系数据库模式,包括以下两个方面内容:

(1)若干域的定义;

(2)在这些域上定义的若干关系模式。

关系数据库的值,是指关系模式在某一时刻对应的关系的集合,简称为关系数据库。

2.3 关系操作

前面已经提到,关系模型由关系数据结构、关系操作集合和关系完整性约束条件三个部分组成。2.2 节讲解了关系的数据结构,这一节讲解关系操作的一般概念和分类。

2.3.1 基本的关系操作

关系模型中常用的关系操作包括数据查询(Query)和数据更新两大部分。其中,关系的查询表达能力最强,是关系操作中最主要的部分。

查询操作又分为选择(Select)、投影(Project)、连接(Join)、除(Divide)、并(Union)、交(Intersection)、差(Except)、笛卡尔积(Cartesian Product)等,其中,选择、投影、并、差、笛卡尔积是 5 种基本操作。

而数据更新操作,又分为插入(Insert)、删除(Delete)和修改(Update)。

关系操作的特点是集合操作方式,即操作的对象和结果都是集合,一次一集合(set－at－a－time)的方式。

2.3.2 关系数据语言的分类

一般,将关系数据语言分为以下三类,如图 2-2 所示。

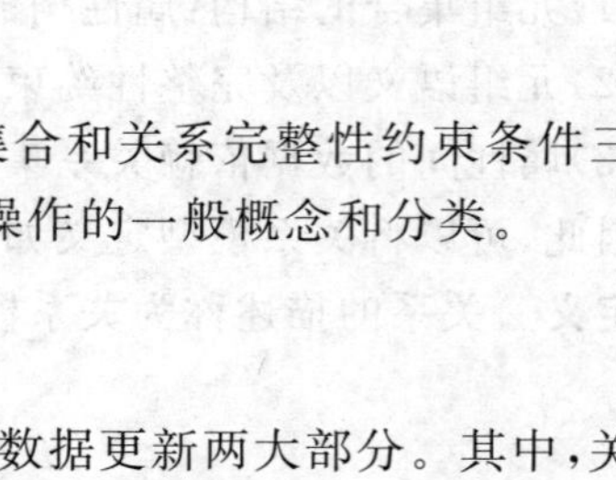

图 2-2 关系数据操作语言

(1)关系代数语言:用对关系的运算来表达查询要求,其典型代表为 ISBL。

(2)关系演算语言:用谓词来表达查询要求,按照谓词变元的基本对象不同,又分为两类:

● 元组关系演算语言

谓词变元的基本对象是元组变量,其典型代表为 APLHA, QUEL。

● 域关系演算语言

谓词变元的基本对象是域变量，其典型代表为 QBE。

(3)具有关系代数和关系演算双重特点的语言

具有关系代数和关系演算双重特点的语言，其典型代表为结构化查询语言 SQL (Structured Query Language)。

总之，关系数据操作语言的共同特点是语言具备完备的表达能力，是非过程化的集合操作语言，功能强。能够嵌入高级程序语言中使用。

2.4 关系的完整性

关系模型的完整性规则是对关系的某种约束条件，这种约束条件实际上是现实世界的要求。任何关系在任何时刻都要满足这些语义约束。

2.4.1 关系的三类完整性约束

关系模型中有三类完整性约束：实体完整性、参照完整性和用户定义的完整性。其中，实体完整性和参照完整性是关系模型必须满足的完整性约束条件，被称为关系的两个不变性，应该由关系数据库系统自动支持。用户定义的完整性，应用领域需要遵循的约束条件，体现了具体领域中的语义约束。

2.4.2 实体完整性(Entity Integrity)

规则 2.1 实体完整性规则

若属性 A(指一个或一组属性)是基本关系 R 的主属性，则属性 A 不能取空值。

说明：所谓空值(null value)是指“不知道”或“不存在”的值。

例如，关系 SAP(<u>POSTGRADUATE</u>，SPECIALITY，SUPERVISOR)

主码 POSTGRADUATE(假设研究生不会重名)，不能够取空值。

实体完整性规则的说明，注意以下四点：

(1) 实体完整性规则是针对基本关系而言的。一个基本表通常对应现 实世界的一个实体集。

(2) 现实世界中的实体是可区分的，即它们具有某种唯一性标识。

(3) 关系模型中以主码作为唯一性标识。

(4)主码中的属性即主属性不能取空值。

主属性取空值，就说明存在某个不可标识的实体，即存在不可区分的实体，这与第(2)点相矛盾，因此这个规则称为实体完整性。

2.4.3 参照完整性(Referential Integrity)

现实世界中的实体之间往往存在某种联系，在关系模型中实体与实体间之间的联系都

是用关系来描述的。首先介绍一下自然存在着关系与关系的引用。先来看 3 个例子,如下:

例 1 学生实体和专业实体可以用下面的关系来表示,其中主码用下划线来标识:

学生(学号,姓名,性别,专业号,年龄)

专业(专业号,专业名)

说明:学生关系引用了专业关系的主码"专业号"。显然,学生关系中的"专业号"值必须是确实存在的专业的专业号,即专业关系中有该专业的记录。

例 2 学生实体和课程实体、学生与课程之间的多对多联系,可以用下面三个关系来表示:

学生(学号,姓名,性别,专业号,年龄)

课程(课程号,课程名,学分)

选修(学号,课程号,成绩)

说明:这 3 个关系之间也存在着属性的引用,即选修关系引用了学生关系的主码"学号"和课程关系的主码"课程号"。同样,选修关系中的"学号"值必须是确实存在的学生的学号,即学生关系中与该学生的记录;选修关系中的"课程号"值也必须是确实存在的课程的课程号,即课程关系中与该课程的记录。

不仅两个或两个以上的关系间可以引用关系,同一关系内部属性间也可能存在引用关系。

例 3 学生实体及其内部的一对多联系,可以用下面的关系来表示,见表 2-4。

学生(学号,姓名,性别,专业号,年龄,班长)

表 2-4 学生实体内部联系

学号	姓名	性别	专业号	年龄	班长
801	张三	女	01	19	802
802	李四	男	01	20	
803	王五	男	01	20	802
804	赵六	女	02	20	805
805	钱七	男	02	19	

说明:"学号"是主码,"班长"是外码,它引用了本关系的"学号";而"班长"必须是确实存在的学生的学号。

这三个例子均说明现实世界中关系与关系之间存在着相互引用,相互约束的情况。接着,引入"外码"的概念,然后给出表达关系之间相互引用约束的参照完整性的定义。

定义 设 F 是基本关系 **R** 的一个或一组属性,但不是关系 **R** 的码。如果 F 与基本关系 S 的主码 K_S 相对应,则称 F 是基本关系 **R** 的外码。基本关系 **R** 称为参照关系(Referencing Relation),基本关系 **S** 称为被参照关系(Referenced Relation)或目标关系(Target Relation)。

说明:关系 **R** 和关系 **S** 不一定是不同的关系。

显然，目标关系 **S** 的主码 Ks 和参照关系 **R** 的外码 F 必须定义在同一个（或同一组）域上。

在[例 1]中，学生关系的“专业号与专业关系的主码“专业号”相对应，因此“专业号”属性是学生关系的外码。这里，专业关系是被参照关系，学生关系为参照关系，如图 2－3 所示。

在[例 2]中，选修关系的“学号” 与学生关系的主码“学号”相对应，选修关系的“课程号”与课程关系的主码“课程号”相对应，因此“学号”和“课程号”是选修关系的外码，学生关系和课程关系均为被参照关系，选修关系为参照关系，如图 2－4 所示。

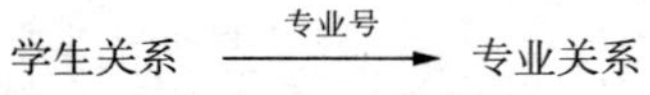

图 2－3　例 1 关系的参照图

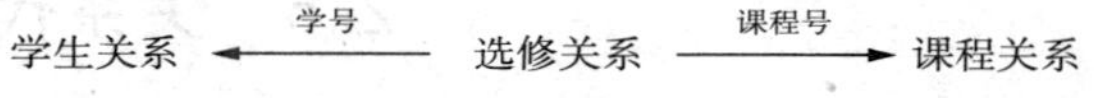

图 2－4　例 2 关系的参照图

在[例 3]中，“班长”与本身的主码“学号”相对应，因此“班长”是外码，学生关系既是参照关系也是被参照关系，如图 2－5 所示。

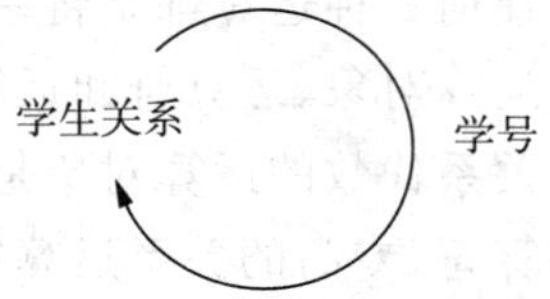

图 2－5　例 3 关系的参照图

需要指出的是，关系 **R** 和 **S** 不一定是不同的关系，目标关系 **S** 的主码 Ks 和参照关系的外码 F 必须定义在同一个（或一组）域上，外码并不一定要与相应的主码同名。当外码与相应的主码属于不同关系时，往往取相同的名字，以便于识别。

参照完整性规则就是定义外码与主码之间的引用规则。

规则 2.2　参照完整性规则

若属性（或属性组）F 是基本关系 **R** 的外码，它与基本关系 **S** 的主码 Ks 相对应（基本关系 **R** 和 **S** 不一定是不同的关系），则对于 **R** 中每个元组在 F 上的值必须为：

■ 或者取空值（F 的每个属性值均为空值）

■ 或者等于 **S** 中某个元组的主码值

在【例 1】中，学生关系中每个元组的“专业号”属性只取两类值：

（1）空值，表示尚未给该学生分配专业；

（2）非空值，这时该值必须是专业关系中某个元组的“专业号”值，表示该学生不可能分配一个不存在的专业。

在【例 2】中，选修关系中每个元组的外码“学号”和“课程号”可能的取值：

（1）选修关系中的主属性，不能取空值；

（2）只能取相应被参照关系中已经存在的主码值。

在【例 3】中，学生关系中每个元组的外码“班长”属性值可以取两类值：

（1）空值，表示该学生所在班级尚未选出班长；

（2）非空值，该值必须是本关系中某个元组的学号值。

2.4.4 用户定义的完整性

任何关系数据库系统都支持实体完整性和参照完整性，这是关系模型所要求的。

除此之外，不同的关系数据库系统根据其应用环境的不同，往往还需要一些特殊的约束条件。用户定义的完整性，是指针对某一具体关系数据库的约束条件，反映某一具体应用所涉及的数据必须满足的语义要求。关系模型应提供定义和检验这类完整性的机制，以便用统一的系统的方法处理它们，而不要由应用程序承担这一功能。

例如，在课程（课程号，课程名，学分），“课程号”属性必须取唯一值，或非主属性“课程名”也不能取空值，“学分”属性只能取值{1,2,3,4}。

2.5 关系代数

关系代数是一种抽象的查询语言，它用对关系的运算来表达查询。

任何一种运算都是将一定的运算符作用于一定的运算对象上，得到预期的运算结果。所以运算对象、运算符和运算结果，是运算的三大要素。

关系代数的运算对象是关系，运算结果也是关系。关系代数用到的运算符包括 4 类：集合运算符、专门的关系运算符、算术比较符和逻辑运算符，见表 2-5。

表 2-5 关系代数运算符

运算符		含义	运算符		含义
集合运算符	∪ − ∩ ×	并 差 交 笛卡尔积	比较运算符	> ≥ < ≤ = <>	大于 大于等于 小于 小于等于 等于 不等于
专门的关系运算符	σ π ÷	选择 投影 连接 除	逻辑运算符	¬ ∧ ∨	非 与 或

关系代数的运算按照运算符的不同，分为传统的集合运算和专门的关系运算两类。其中传统的集合运算将关系看成元组的集合，其运算是从关系的“水平”方向，即行的角度来进行。而专门的关系运算不仅涉及行而且还涉及列。比较运算符和逻辑运算符是用来辅助专门关系的运算符进行操作的。

2.5.1 传统的集合运算

传统的集合运算均是二目运算，包括并、差、交和笛卡尔积四种运算，其中并、差和交运算均有两个前提条件：

设有两个关系分别为关系 **R** 和关系 **S**，第一，**R** 和 **S** 具有相同的目 n（即两个关系都有 n 个属性）；第二，相应的属性取自同一个域。另外约定，t 是元组变量，$t \in \mathbf{R}$ 表示 t 是关系 **R** 的一个元组。

下面分别介绍并、差、交和笛卡尔积四种运算。

（1）并（Union）

关系 **R** 和关系 **S** 的并，记作：

$$\mathbf{R} \cup \mathbf{S} = \{ t \mid t \in \mathbf{R} \vee t \in \mathbf{S} \}$$

其结果仍为 n 目关系，由属于 **R** 或属于 **S** 的元组组成。

（2）差（*Except*）

关系 **R** 和关系 **S** 的差，记作：

$$\mathbf{R} - \mathbf{S} = \{ t \mid t \in \mathbf{R} \wedge t \notin \mathbf{S} \}$$

其结果仍为 n 目关系，由属于 **R** 而不属于 **S** 的所有元组组成。

（3）交（Intersection）

关系 **R** 和关系 **S** 的交，记作：

$$\mathbf{R} \cap \mathbf{S} = \{ t \mid t \in \mathbf{R} \wedge t \in \mathbf{S} \}$$

其结果仍为 n 目关系，仍为 n 目关系，由既属于 **R** 又属于 **S** 的元组组成。

实际上，可以将“**R**－**S**”看作是先求 **R**∩**S**，然后求交集在全集即关系 **R** 上的补运算，表示如下：

$$\mathbf{R} - \mathbf{S} = \mathbf{R} - (\mathbf{R} \cap \mathbf{S})$$

然后移项，可得：

$$\mathbf{R} \cap \mathbf{S} = \mathbf{R} - (\mathbf{R} - \mathbf{S})$$

由此可见，交运算可以通过差运算替换。

（4）笛卡尔积（Cartesian Product）

严格地讲应该是广义的笛卡尔积（Extended Cartesian Product）。两个关系 R 和 S，其目数和元组个数分别为，如下：

- **R**：n 目关系，$k1$ 个元组
- **S**：m 目关系，$k2$ 个元组

关系 **R** 和关系 **S** 的笛卡尔积，记作：

$$\mathbf{R} \times \mathbf{S} = \{ \widehat{t_r t_s} \mid t_r \in \mathbf{R} \wedge t_s \in \mathbf{S} \}$$

其中，笛卡尔积的列等于 $(n+m)$ 列，元组的前 n 列是关系 **R** 的一个元组，后 m 列是关系 **S** 的一个元组；笛卡尔积的行等于 $k1 \times k2$ 个元组。

例 2－1 已知两个关系 **R** 和关系 **S** 如图 2－6(a)、(b)所示，求解 **R**∪**S**、**R** － **S**、**R**∩**S** 和 **R**×**S**。

R

A	B	C
1	5	8
4	7	9
2	6	0

（a）

S

A	B	C
2	7	4
1	5	8
2	6	0

（b）

图 2-6 关系 **R** 和关系 **S**

解:(1)**R∪S**

A	B	C
1	5	8
2	7	4
4	7	9
2	6	0

(2)**R - S**

A	B	C
4	7	9

(3)**R∩S**

A	B	C
1	5	8
2	6	0

(4)**R×S**

R. A	R. B	R. C	S. A	S. B	S. C
1	5	8	2	7	4
1	5	8	1	5	8
1	5	8	2	6	0
4	7	9	2	7	4
4	7	9	1	5	8
4	7	9	2	6	0
2	6	0	2	7	4
2	6	0	1	5	8
2	6	0	2	6	0

2.5.2　实例:学生－课程数据库

设有一个学生－课程数据库,包括学生关系 Student、课程关系 Course 和课程选修关系 *SC*,分别见表 2－6、2－7 和 2－8,它将作为下节专门的关系运算讲解的实例。

表 2－6　学生关系 Student

学号 Sno	姓名 Sname	性别 Ssex	年龄 Sage	所在系 Sdept
201696001	李永波	男	22	CS
201696002	刘丽	女	20	IS
201696003	王小亮	男	19	MA
201696004	张海涛	男	21	IS
201696005	程芳	女	22	CS

表 2－7　课程关系 Course

课程号 Cno	课程名 Cname	先行课 Cpno	学分 Ccredit
1	计算机基础		3
2	高等数学		4
3	C 语言	1	3
4	操作系统		3
5	数据结构	3	4
6	计算机网络	4	3
7	数据库原理	5	4

表 2－8　课程选修关系 SC

学号 Sno	课程号 Cno	成绩 Grade
201696001	1	92
201696001	2	85
201696001	3	88
201696002	2	90
201696002	3	80
201696003	1	86
201696004	3	78
201696005	4	83
201696005	7	91

2.5.3 专门的关系运算

专门的关系运算,包括选择、投影、连接和除运算。为了叙述上的方便,先引入几个记号。

(1)$\mathbf{R}$,$t \in \mathbf{R}$,$t[Ai]$

设关系模式为 $\mathbf{R}(A1,A2,\cdots,An)$。它的一个关系设为 $\mathbf{R}$,$t \in \mathbf{R}$ 表示 t 是 $\mathbf{R}$ 的一个元组;$t[Ai]$则表示元组 t 中相应于属性 Ai 的一个分量

(2)$\mathbf{A}$,$t[A]$,$\bar{A}$

若 $\mathbf{A}=\{Ai1,Ai2,\cdots,Aik\}$,其中 $Ai1,Ai2,\cdots,Aik$ 是 $A1,A2,\cdots,An$ 中的一部分,则 A 称为属性列或属性组。

$t[\mathbf{A}]=(t[Ai1],t[Ai2],\cdots,t[Aik])$表示元组 t 在属性列 A 上诸分量的集合。

$\bar{\mathbf{A}}$ 则表示$\{A1,A2,\cdots,An\}$中去掉$\{Ai1,Ai2,\cdots,Aik\}$后剩余的属性组。

(3)tr ts

设 $\mathbf{R}$ 为 n 目关系,$\mathbf{S}$ 为 m 目关系。$tr \in \mathbf{R}$,$ts \in \mathbf{S}$,$\widehat{tr\ ts}$称为元组的连接。$\widehat{tr\ ts}$是一个 $n+m$ 列的元组,前 n 个分量为 $\mathbf{R}$ 中的一个 n 元组,后 m 个分量为 $\mathbf{S}$ 中的一个 m 元组。

(4)象集 Zx

给定一个关系 $\mathbf{R}(X,Z)$,X 和 Z 为属性组。当 $t[X]=x$ 时,x 在 $\mathbf{R}$ 中的象集(Images Set)为:

$$Zx=\{t[Z] \mid t \in \mathbf{R}, t[X]=x\}$$

它表示 $\mathbf{R}$ 中属性组 X 上值为 x 的诸元组在 Z 上分量的集合。

R

X	Z
$X1$	$Z1$
$X1$	$Z2$
$X2$	$Z1$
$X3$	$Z2$
$X1$	$Z3$
$X2$	$Z3$
$X3$	$Z3$

图 2-7 关系 **R**

例如,在图 2-7 中 xi 在 $\mathbf{R}$ 中的象集,如下:

$x1$ 在 $\mathbf{R}$ 中的象集,$Zx1=\{Z1,Z2,Z3\}$

$x2$ 在 $\mathbf{R}$ 中的象集,$Zx2=\{Z1,Z3\}$

$x3$ 在 $\mathbf{R}$ 中的象集,$Zx3=\{Z2,Z3\}$

可见,上图中的象集运算实质上就是按照 X 属性值对 Z 属性进行分组运算操作。

下面开始介绍这些专门的关系运算:

1. 选择(Selection)

选择又称为限制(Restriction),它是在关系 $\mathbf{R}$ 中选择满足给定条件的诸元组,属于单目关系运算,记作:

$$\sigma F(\mathbf{R}) = \{t \mid t \in \mathbf{R} \land F(t) = \text{'真'}\}$$

其中 F:选择条件,是一个逻辑表达式,取逻辑“真”或“假”,基本形式为:

$$X1\theta Y1$$

其中 θ 为比较运算符。

选择运算，实际上是从关系 **R** 中选取使逻辑表达式 F 为真的元组，是从行的角度进行的运算，如图 2－8 所示。

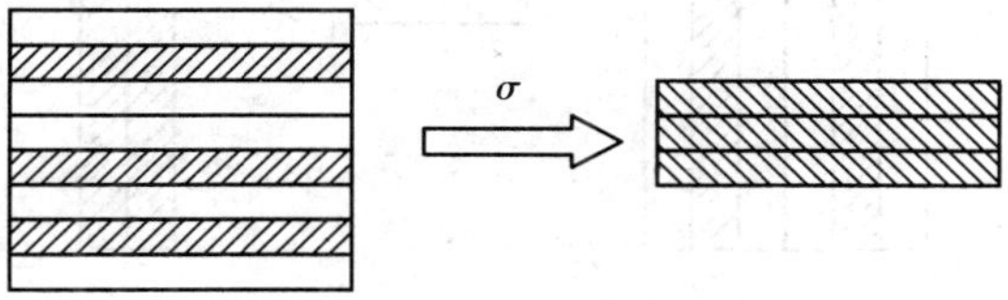

图 2－8　选择运算的特点

［例 1］　查询计算机科学性系(CS 系)的全体学生信息。

解：　σSdept ＝ 'CS'（Student）

或　σ5 ＝'CS'（Student）

其中，下标"5"为 Sdept 属性在 student 表中的序号，结果如图 2－9 所示。

Sno	Sname	Ssex	Sage	Sdept
201296001	李永波	男	22	CS
201296005	程芳	女	22	CS

图 2－9　运算结果

［例 2］　查询年龄大于 21 岁的学生信息。

解：　σSage ＞20(Student)

或　σ4 ＞20(Student)

其中，下标"4"为 Sage 属性在 student 表中的序号，结果如图 2－10 所示。

Sno	Sname	Ssex	Sage	Sdept
201296001	李永波	男	22	CS
201296004	张海涛	男	21	IS
201296005	程芳	女	22	CS

图 2－10　运算结果

2. 投影(Projection)

关系 **R** 上的投影是从 **R** 中选择出若干属性列组成新的关系，属于单目关系运算，记作：

$$\pi A(\mathbf{R}) = \{ t[A] \mid t \in \mathbf{R} \}$$

其中，A:**R** 中的属性列。

投影操作主要是从列的角度进行运算，如图 2－11 所示。

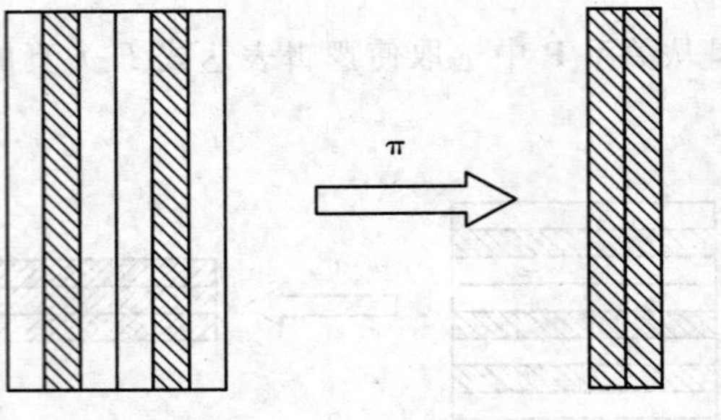

图 2-11 投影运算的特点

[例 3] 查询学生的姓名和所在系。

解:即求 Student 关系上学生姓名和所在系两个属性上的投影:

πSname,Sdept(Student)

或 π2,5(Student)

其中,下标"2,5"为 Sname,Sdept 属性在 student 表中的序号,结果如图 2-12 所示。

Sname	Sdept
李永波	CS
刘丽	IS
王小亮	MA
张海涛	IS
程芳	CS

图 2-12 运算结果

但投影之后不仅取消了原关系中的某些列,而且还可能取消某些元组(避免重复行)。

[例 4] 查询学生关系 Student 中都有哪些系。

解: πSdept(Student)

结果如图 2-13 所示。

说明:student 关系中原来有 5 个元组,而投影结果取消了重复的 *CS* 和 *IS*,因此只有 3 个元组。

Sdept
CS
IS
MA

图 2-13 运算结果

3. 连接(Join)

(1) 一般连接

连接也称为 θ 连接或一般连接,它是从两个关系的笛卡尔积中选取属性间满足一定条件的元组,属于双目运算,记作:

$$\mathbf{R} \underset{A\theta B}{\bowtie} \mathbf{S} = \{\ t_r\, t_s \mid t_r \in \mathbf{R} \wedge t_s \in \mathbf{S} \wedge t_r[\mathrm{A}]\theta t_s[\mathrm{B}]\ \}$$

其中,*A* 和 *B* 分别为 **R** 和 **S** 上度数相等且可比的属性组;

θ:比较运算符。

连接运算的过程:从 **R** 和 **S** 的广义笛卡尔积 **R**×**S** 中选取(**R** 关系)在 A 属性组上的值与(S 关系)在 B 属性组上值满足比较关系 θ 的元组 。

连接运算中有两种最为主要也最为常用的连接:

一种是等值连接(Equijoin)；

另一种是自然连接(Natural join)。

(1)等值连接(Equijoin)

什么是等值连接？就是 θ 为"="的连接运算称为等值连接，就是指从关系 **R** 与 **S** 的广义笛卡尔积中选取 A、B 属性值相等的那些元组，即等值连接，记作：

$$\mathbf{R} \underset{A=B}{\bowtie} \mathbf{S} = \{\widehat{t_r t_s} \mid t_r \in R \wedge t_s \in S \wedge t_r[A] = t_s[B]\}$$

(3)自然连接(Natural join)

自然连接是一种特殊的等值连接，其特点有两个：

- 两个关系中进行比较的分量必须是相同的属性组
- 在结果中把重复的属性列去掉

假设关系 **R** 和 **S** 具有相同的属性组 B，则自然连接记作：

$$\mathbf{R} \bowtie \mathbf{S} = \{\widehat{t_r t_s} \mid t_r \in R \wedge t_s \in S \wedge t_r[B] = t_s[B]\}$$

一般的连接操作是从行的角度进行运算。自然连接还需要取消重复列，所以是同时从行和列的角度进行运算，如图 2-14 所示。

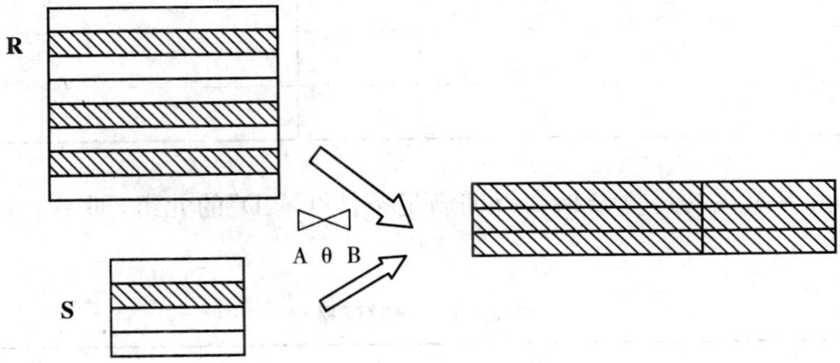

图 2-14　自然连接运算的特点

[例 5]　关系 **R** 和关系 **S** 如图 2-15 所示，求其一般连接、等值连接和自然连接的结果。

R

A	*B*	*C*
*a*1	3	7
*a*1	4	5
*a*2	8	6
*a*3	6	4

S

B	*D*
3	5
5	6
8	3
7	4

图 2-15　关系 **R** 和 **S**

解：(1)先求解关系 **R** 和 **S** 的广义笛卡尔积 **R×S**，见表 2-6。

表 2-6　R×S

A	$R.B$	C	$S.B$	D
$a1$	3	7	3	5
$a1$	3	7	5	6
$a1$	3	7	8	3
$a1$	3	7	7	4
$a1$	4	5	3	5
$a1$	4	5	5	6
$a1$	4	5	8	3
$a1$	4	5	7	4
$a2$	8	6	3	5
$a2$	8	6	5	6
$a2$	8	6	8	3
$a2$	8	6	7	4
$a3$	6	4	3	5
$a3$	6	4	5	6
$a3$	6	4	8	3
$a3$	6	4	7	4

(2)从广义笛卡尔积的运算结果中查询满足条件"C<D"的元组，即一般连接，如表 2-7 所示。

表 2-7　一般连接

$R.A$	B	C	$S.A$	D
$a1$	4	5	5	6
$a3$	6	4	3	5
$a3$	6	4	5	6

(3)从广义笛卡尔积的运算结果中查询满足条件"$R.B=S.B$"的元组，即等值连接，如表 2-8 所示。

表 2-8　等值连接

A	$R.B$	C	$S.B$	D
$a1$	3	7	3	5
$a2$	8	6	8	3

(4)从等值连接的运算结果中去掉重复属性 B,并进行合并,即自然连接,如表 2－9 所示。

表 2－9　自然连接

A	B	C	D
$a1$	3	7	5
$a2$	8	6	3

两个关系 **R** 和 **S** 在做自然连接时,选择两个关系在公共属性上值相等的元组构成新的关系。此时,关系 **R** 中某些元组有可能在、**R** 与 **S** 自然连接运算中的第 2、4 元组均被舍弃。

(4)外连接(OUTER JOIN)

如果把舍弃的元组也保存在结果关系中,而在其他属性上填空值(Null),这种连接就叫作外连接(OUTER JOIN)。

如果只把左边关系 **R** 中要舍弃的元组保留,就叫作左外连接(LEFT OUTER JOIN 或 LEFT JOIN)。

如果只把右边关系 **S** 中要舍弃的元组保留,就叫作右外连接(RIGHT OUTER JOIN 或 RIGHT JOIN)。

例如,在【例 5】中的关系 **R** 和 **S** 外连接、左外连接和右外连接,如表 2－10、2－11 和 2－12 所示。

表 2－10　外连接

A	B	C	D
$a1$	3	7	5
$a1$	4	5	Null
$a2$	8	6	3
$a3$	6	4	Null
Null	5	Null	6
Null	7	Null	4

表 2－11　左外连接

A	B	C	D
$a1$	3	7	5
$a1$	4	5	*Null*
$a2$	8	6	3
$a3$	6	4	Null

表 2-12 右外连接

A	B	C	D
$a1$	3	7	5
$a2$	8	6	3
Null	5	Null	6
Null	7	Null	4

由此可见，关系 **R** 和 **S** 的外连接，实际上就是关系 **R** 和 **S** 的左外连接和右外连接的并集。

4. 除(Division)

给定关系 **R**(X,Y)和 **S**(Y,Z)，其中 X,Y,Z 为属性组。**R** 中的 Y 与 **S** 中的 Y 可以有不同的属性名，但必须出自相同的域集。**R** 与 **S** 的除运算得到一个新的关系 $P(X)$，P 是 **R** 中满足下列条件的元组在 X 属性列上的投影：元组在 X 上分量值 x 的象集 Yx 包含 **S** 在 Y 上投影的集合，记作：

$$\mathbf{R} \div \mathbf{S} = \{ t_r[X] \mid t_r \in \mathbf{R} \wedge \pi Y(\mathbf{S}) \subseteq Yx \}$$

其中 Yx：x 在 **R** 中的象集，$x = t_r[X]$。

除操作是同时从行和列角度进行运算，属于双目运算，如图 2-16 所示。

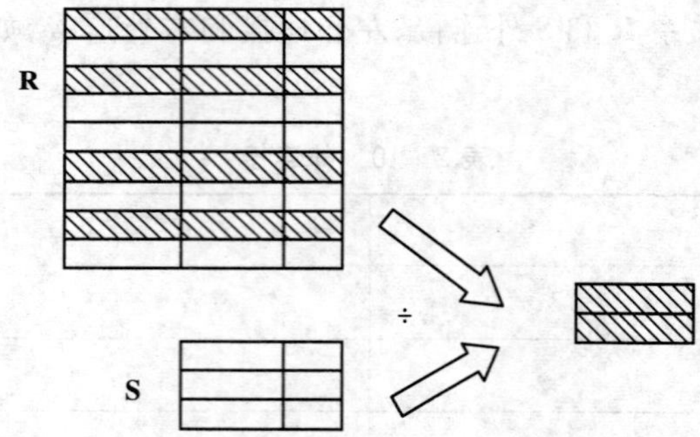

图 2-16 除运算的特点

[例 6] 设关系 **R**、**S** 分别如图所示，**R**÷**S** 的结果如图 2-17 所示。

R

A	B	C
a_1	b_1	c_2
a_2	b_3	c_7
a_3	b_4	c_6
a_1	b_2	c_3
a_4	b_6	c_6
a_2	b_2	c_3
a_1	b_2	c_1

(a)

S

B	C	D
b_1	c_2	d_1
b_2	c_1	d_1
b_2	c_3	d_2

(b)

R÷S

A
a_1

(c)

图 2-17 运算结果

解:第一步,找出关系 **R** 和 **S** 中公共属性,即 B 和 C。

第二步,在关系 **R** 中,求 A 属性在公共属性(B,C)上的象集,A 可以取四个值{$a1$,$a2$,$a3$,$a4$}

$a1$ 的象集为 {($b1$,$c2$),($b2$,$c3$),($b2$,$c1$)}

$a2$ 的象集为 {($b3$,$c7$),($b2$,$c3$)}

$a3$ 的象集为 {($b4$,$c6$)}

$a4$ 的象集为 {($b6$,$c6$)}

第三步,在关系 **S** 上,求在公共属性(B,C)上的投影为

{($b1$,$c2$),($b2$,$c1$),($b2$,$c3$)}

第四步,只有 $a1$ 的象集包含了 **S** 在(B,C)属性组上的投影

所以　　**R**÷**S** ={$a1$}

2.5.4　综合运用实例

下面仍以学生—课程数据库为例,给出几个综合应用多种关系代数运算进行查询的实例。

[例 7]　查询至少选修 4 号课程和 7 号课程的学生号码。

解:第一步:首先建立一个临时关系 K,如下所示。

K

Cno
4
7

第二步:$\pi_{Sno,Cno}(SC) \div K$

结果为{201696005}

[例 8]　查询选修了 3 号课程的学生的学号。

解:$\pi_{Sno}(\sigma_{Cno='3'}(SC))$

={ 201696001,201696002,201696004}

[例 9]　查询至少选修了一门其直接先行课为 5 号课程的学生姓名。

解:$\pi_{Sname}(\sigma_{Cpno='5'}(Course \bowtie SC \bowtie Student))$

或

$\pi_{Sname}(\sigma_{Cpno='5'}(Course) \bowtie SC \bowtie \pi_{Sno,Sname}(Student))$

或

$\pi_{Sname}(\pi_{Sno}(\sigma_{Cpno='5'}(Course) \bowtie SC) \bowtie \pi_{Sno,Sname}(Student))$

[例 10]　查询选修了全部课程的学生号码和姓名。

解:

$\pi_{Sno,Cno}(SC) \div \pi_{Cno}(Course)$　　　$\pi_{Sno,Sname}(Student)$

[例 11] 查询既选修了 1 号课程又选修了 3 号课程的学生号码。

解：

πSno(σCno='1'(SC)) ⋂ πSno(σCno='3'(SC))

说明：注意本题与例 8 之间的区别，因为关系代数的运算是以元组集合为单位的，所以需要分别求出选修了 1 号课程和 3 号课程的元组之后，再来求它们俩的交集，不能按照如下方法表示：

πSno(σCno='1'^Cno='3'(SC))

同理，查询既选修了 1 号课程或选修了 3 号课程的学生号码，关系代数表达式如下：

πSno(σCno='1'(SC)) ⋃ πSno(σCno='3'(SC))

本节介绍了 8 种关系代数运算，其中并、差、笛卡尔积、投影和选择 5 种运算为基本的运算。其他 3 种运算，即交、连接和除，均可以通过这 5 种基本运算来表达。

总之，在关系代数中，这些运算经有限次复合后形成的式子，称为关系代数表达式。

2.6 关系演算

关系演算，是以数理逻辑中的谓词演算为基础。按谓词变元不同，关系演算分为元组关系演算和域关系演算。本节主要简单介绍其操作方法，详细介绍可以参考相关书籍。

2.6.1 元组关系演算语言

元组关系演算，是指以元组变量(即关系的行)作为谓词变元的基本对象。由 E. F. Codd 提出 INGRES 所用的 QUEL 语言是参照 ALPHA 语言研制的，与 ALPHA 十分类似。

ALPHA 语言主要有：

(1)数据的检索语句：GET

(2)数据的更新语句：PUT，HOLD，UPDATE，DELETE，DROP

2.6.2 域关系演算语言

域关系演算，是以域变量(即关系的列)作为谓词变元的基本对象。QBE(Query By Example)是一种典型的域关系演算语言，由 M. M. Zloof 提出。它以元组变量的分量即域变量作为谓词变元的基本对象，其特点如下：

(1)基于屏幕表格的查询语言；

(2)查询要求：以填写表格的方式构造查询；

(3)用示例元素(域变量)来表示查询结果可能的情况；

(4)查询结果：以表格形式显示。

本章小结

关系数据库系统是一种常用的数据库管理系统，关系模型是其核心与基础。本章主要从关系模型的三个组成要素出发，从数学形式化定义角度，讲解了关系模型的五元组数据结构，包括型与值的概念；重点讲解了关系代数表达式中的传统集合运算（并、交、差和笛卡尔积）和专门关系运算（选择、投影、连接和除），以及实体完整性规则、参照完整性规则和用户自定义数据完整性规则。

练 习 题

1. 请解释下列名词的含义。

（1）域　（2）笛卡尔积　（3）主码　（4）外码　（5）候选码

2. 关系模型的三个组成要素分别是什么？各自的特点有哪些？

3. 简述等值连接与自然连接的区别与联系。

4. 试述关系模型的完整性规则。其中，在参照完整性规则中，为什么外码属性的值可以取空值？

5. 简述关系数据语言的分类与特点。

6. 设有一个学生—课程数据库，包括以下三个关系模型：

学生（学号，姓名，年龄，所在系）；

课程（课程号，课程名称，学分，先修课）；

选修（学号，课程号，成绩）。

试用关系代数表达式完成如下查询：

（1）查询计算机科学与技术系学生的学号与姓名；

（2）查询学过数据库原理课程的学生的成绩；

（3）查询没有选修数据库原理课程的学生的学号与姓名。

7. 设有一个 SPJ 数据库，包含 S、P、J 和 SPJ 四个关系模式，如下：

S(SNO，SNAME，STATUS，CITY)

P(PNO，PNAME，COLOR，WEIGHT)

J(JNO，JNAME，CITY)

SPJ(SNO，PNO，JNO，QTY)

供应商关系模型 S，由供应商代码（SNO）、供应商名称（SNAME）、供应商状态（STATUS）和供应商所在城市（CITY）组成；

零件关系模型 P，由零件代码（PNO）、零件名（PNAME）、颜色（COLOR）、重量（WEIGHT）组成；

工程项目关系模型 J，由工程项目代码（JNO）、工程项目名称（JNAME）、工程项目所在

城市(CITY)组成;

供应情况关系模型 SPJ,由供应商代码(SNO)、零件代码(PNO)、工程项目代码(JNO)和供应数量(QTY)组成。

试用关系代数表达式完成如下查询:

(1)查询供应工程 J2 的供应商代码 SNO;

(2)查询供应工程 J2 零件 P2 的供应商代码 SNO;

(3)查询供应工程 J3 零件为绿色的供应商代码 SNO;

(4)查询没有使用武汉供应商生产的绿色零件的工程项目代码 JNO;

(5)查询至少使用了供应商 S1 所供应的全部零件的工程代码 JNO。

第三章　关系数据库标准语言SQL

结构化查询语言SQL是关系数据库的标准语言，也是关系数据库的国际工业标准，主要用于访问和处理数据库。本章将介绍SQL的数据定义、数据查询和数据更新操作，主要包括数据库的创建与删除、基本表的创建与数据操作、索引的创建与删除和视图的定义与操作等，它是操作关系数据库的重要工具，也是学习数据库编程的基础。

3.1　SQL概述

在第2章中，已经提到关系操作语言分为关系代数、关系演算和具有双重特点的查询语言。本节对结构化查询语言SQL的功能与特点进行简述。SQL（Structured Query Language），是关系数据库的标准语言，主要用于访问和处理数据库。

3.1.1　SQL功能

结构化查询语言SQL具体功能，包括以下10个：

- 面向数据库执行查询；
- 可从数据库取回数据；
- 可在数据库中插入新的记录；
- 可更新数据库中的数据；
- 可从数据库删除记录；
- 可创建新数据库；
- 可在数据库中创建新表；
- 可在数据库中创建存储过程；
- 可在数据库中创建视图；
- 可以设置表、存储过程和视图的权限。

3.1.2　SQL的特点

SQL是一门种ANSI（American National Standards Institute美国国家标准化组织）的标准计算机语言，用来访问和操作数据库系统。因为它是一个综合的、功能极强，同时，也是一门简洁易学的语言。SQL集数据查询、数据操纵、数据定义和数据控制功能于一体，主要特点有以下5点：

(1)综合统一

相比非关系模型(层次模型和网状模型)需要单独的数据定义语言和数据操纵语言，SQL 主要针对关系模型，集数据定义语言 DDL、数据操纵语言 DML 和数据控制语言 DCL 功能于一体，语言风格统一，可以独立完成数据库生命周期中的全部活动，包括：

- 数据库和关系模式的建立；
- 对数据库中的数据进行增删改查操作；
- 数据库的重构和维护；
- 数据库安全性和完整性控制；
- 数据库恢复。

(2)高度非过程化

相比非关系模型的数据操纵语言是“面向过程”的语言，用“过程化”语言完成某项请求，必须指定存取路径。但是，SQL 进行数据操作时，只要提出“做什么”，而无须指明“怎么做”，因此无须了解存储路径。

(3)面向集合的操作方式

相比非关系模型采用的是面向记录的操作方式，操作对象是一条记录。而 SQL 采用集合操作方式，不仅操作对象、查找结果可以是元组的集合，而且一次插入、删除和更新操作的对象也可以是元组的集合。

(4)以同一种语法结构提供多种使用方式

SQL 既是独立的交互式语言，能够与用户之间进行交互；也是嵌入式语言，能够嵌入高级程序设计语言(例如 C，C++，Java)中，供程序设计人员进行数据库的操作。

(5)语言简洁，易学易用

SQL 有着强大的功能，但是语言十分简洁，见表 3-1。

表 3-1 SQL 语言的动词

SQL 功能	动 词
数据查询	SELECT
数据定义	CREATE，DROP，ALTER
数据操纵	INSERT，UPDATE DELETE
数据控制	GRANT，REVOKE

3.1.3 SQL 的种类

SQL 语言有两种方式：一种是交互式 SQL；另一种是嵌入式 SQL。

独立式 SQL 作为独立语言，在终端设备上以交互方式使用，比如 MS SQL SERVER 中的查询分析器；嵌入式 SQL 使用时需要嵌入到某种高级程序语言中，和高级语言进行混合使用。嵌入式 SQL 的高级程序语言，一般称为主语言或者宿主语言。

3.2　实例:学生－课程数据库

在本章中,用学生－课程数据库为例,来讲解 SQL 的数据定义、数据操纵、数据查询和数据控制语句的具体应用。

为止,首先要定义一个学生－课程数据库 ST,里面包括以下 3 个关系,如下:

学生信息表:student(sno,sname,sex,sage,sdept)

注释:sno:学号(主码);sname:姓名;sex:性别 sage:年龄;Sdept:系

课程信息表:course(cno,cname,cpno,credit)

注释:cno:课程号(主码);cname:课程名;cpno:先修课;credit:学分

学生选课表:sc(sno,cno,grade)

注释:sno:学号;cno:课程号;grade:成绩

主码:(sno,cno)

注意:关系的主码加下划线表示。

各个表中的数据实例,见表 3－2 所示。

表 3－2　学生－课程数据库的数据实例

Student 关系

sno	sname	sex	sage	sdept
2016911001	张旺	男	20	CS(计算机科学)
2016911002	邹艾红	女	19	CS
2016911003	李磊	男	18	ME(机械工程)
2016911004	郑香	女	19	IS(信息系统)
2016911005	王怡	男	19	AC(自动化)

Course 关系

Cno	Cname	Cpno	Ccredit
1	数据库原理	5	4
2	高等数学	1	3
3	信息系统	5	2
4	操作系统	7	4
5	数据结构	7	4
6	计算机网络	5	4
7	C 语言		4

SC 关系

Sno	Cno	Grade
2016911001	1	92
2016911001	2	85
2016911001	3	88
2016911002	2	90
2016911002	3	80
2016911003	2	75
2016911003	3	85
2016911004	1	70
2016911005	1	86

3.3 数据定义

SQL 的数据定义功能,包括数据库定义、表定义、视图和索引的定义,见表 3-3 所示。

表 3-3 SQL 的数据定义语句

操作对象	操作方式		
	创建	删除	修改
数据库	Create Database	Drop Database	
表	Create Table	Drop Table	Alter Table
视图	Create View	Drop View	
索引	Create Index	Drop Index	

SQL 通常不提供修改数据库定义、修改视图定义和修改索引定义的操作。用户如果想修改这些对象,只能先将它们删除掉,然后再重新建立。

3.3.1 数据库的定义与删除

3.3.1.1 数据库的定义

在 SQL 中,数据库的定义语句,如下:

```
Create database    database_name;
```

其中,database_name 表示数据库的名称。

例 1 定义一个数据库 People。

```
Create database People;
```

说明:创建一个名为 People 的数据库。

定义 数据库实际上定义了一个命名空间,在这个空间中可以进一步定义该模式包含的数据库对象，比如基本表、视图、索引等。

例 2 在学生－课程数据库 ST 下，创建一个基本表 BT。

```
Create database ST;
Create table BT(
    COL1 INT,
    COL2 CHAR(8),
    COL3 CHAR(20),
);
```

3.3.1.2 删除数据库

在 SQL 中，数据库的删除语句，如下：

Drop database database_name <CASCADE|RESTRICT>;

其中，database_name 表示数据库的名称。

CASCADE：级联，表示删除模式的同时把该模式中所有的数据库对象全部删除

RESTRICT：限制，表示如果该模式中定义了下属的数据库对象（如表、视图等），则拒绝该删除语句的执行。当该模式中没有任何下属的数据库对象时才能执行。

例 3 DROP database ST CASCADE;

在删除数据库 People 的同时，该数据库中定义的基本表 BT 也被删除。

3.3.2 基本表的定义、删除与修改

3.3.2.1 基本表的定义

创建一个数据库，就建立了一个数据库的命名空间。在这个空间中，首先要定义的就是基本表。

SQL 语言使用 Create Table 语句定义基本表，语法格式如下：

```
CREATE TABLE <表名>
  (<列名> <数据类型>[ <列级完整性约束条件> ]
  [,<列名> <数据类型>[ <列级完整性约束条件>] ] …
  [,<表级完整性约束条件> ]);
```

建表的同时，通常可以定义与该表有关的完整性约束条件。如果完整性约束条件涉及该表的多个属性列，则必须定义在表级上，否则既可以定义在列级也可以定义在表级。

现在利用 SQL 定义语言，给出 3.2 节学生－课程数据库 ST 的创建，以及其中三个基本表 sutdent、course 和 sc 的建立代码。

例 4 定义一个学生－课程数据库 ST。

```
Create database ST;
```

例 5 建立一个"学生"表 Student。

```
CREATE TABLE Student
  (Sno    CHAR(9) PRIMARY KEY,    /* 主码，列级完整性约束条件 */
  Sname   CHAR(20) UNIQUE,        /* 唯一性约束，Sname 取唯一值 */
  Sex     CHAR(2),
```

```
    Sage   INT,
    Sdept   CHAR(20),
  );
```

例 6 建立一个“课程”表 Course。

```
  CREATE TABLE  Course
     ( Cno     CHAR(4) PRIMARY KEY, /* 主码,列级完整性约束条件 */
     Cname  CHAR(40),
     Cpno CHAR(4),
     CcreditINT,
     FOREIGN KEY (Cpno) REFERENCES Course(Cno),
     /* 外码,表级完整性约束条件,涉及两个属性 */
  );
```

例 7 建立一个“学生选课”表 SC。

```
  CREATE TABLE  SC
    (Sno  CHAR(9),
    Cno  CHAR(4),
    Grade INT,
    PRIMARY KEY (Sno,Cno),
      /* 主码由两个属性构成,必须作为表级完整性进行定义 */
    FOREIGN KEY (Sno) REFERENCES Student(Sno),
      /* 表级完整性约束条件,Sno 是外码,被参照表是 Student */
    FOREIGN KEY (Cno) REFERENCES Course(Cno)
      /* 表级完整性约束条件, Cno 是外码,被参照表是 Course */
  );
```

3.3.2.2 数据类型

在例 5、例 6、例 7 中,可以发现每个属性都给出了具体的数据类型,这恰好与关系模型中的域概念相对应。

在 SQL 中,域的概念用数据类型来实现。定义基本表的属性时,需要指明其数据类型及长度,同时选用哪种数据类型,需要考虑取值范围以及要做哪些运算。

SQL99 标准下的数据类型,见表 3-4。

表 3-4 SQL99 标准的数据类型

数据类型	含义
CHAR(n)	长度为 n 的定长字符串
VARCHAR(n)	最大长度为 n 的变长字符串
INT	长整数(也可以写作 INTEGER)
SMALLINT	短整数

（续表）

数据类型	含义
NUMERIC(p,d)	定点数，由 p 位数字（不包括符号、小数点）组成，小数后面有 d 位数字
REAL	取决于机器精度的浮点数
Double Precision	取决于机器精度的双精度浮点数
FLOAT(n)	浮点数，精度至少为 n 位数字
DATE	日期，包含年、月、日，格式为 YYYY－MM－DD
TIME	时间，包含一日的时、分、秒，格式为 HH:MM:SS

3.3.2.3　基本表的修改

随着应用需求的变化，有时需要修改已建立好的基本表，SQL 语言使用 ALTER TABLE 语句修改基本表，语法格式如下：

ALTER TABLE <表名>
　　[ADD <新列名> <数据类型> [完整性约束]]
　　[DROP <完整性约束名>]
　　[ALTER COLUMN<列名> <数据类型>]；

其中，<表名>是要修改的基本表，ADD 子句用于增加新列和新的完整性约束条件，DROP 子句用于删除指定的完整性约束条件，ALTER COLUMN 子句用于修改原有的列定义，包括修改列名和数据类型。

例 8　向 Student 表增加“入学时间”列，其数据类型为日期型。

ALTER TABLE Student ADDEntrance DATETIME；

说明：不论基本表中原来是否已有数据，新增加的列一律为空值。

例 9　将年龄的数据类型由字符型（假设原来的数据类型是字符型）改为整数。

ALTER TABLE Student ALTER COLUMN Sage INT；

例 10　增加课程名称必须取唯一值的约束条件。

ALTER TABLE Course ADD UNIQUE(Cname)；

3.2.3.4　基本表的删除

当一个基本表不再需要时，可以使用 DROP TABLE 语句删除它，语法格式如下：

DROP TABLE <表名>[RESTRICT| CASCADE]；

其中，RESTRICT：删除表是有限制的。

➢ 欲删除的基本表不能被其他表的约束所引用；

➢ 如果存在依赖该表的对象，则此表不能被删除。

CASCADE：删除该表没有限制。

➢ 在删除基本表的同时，相关的依赖对象一起删除。

例 11　删除 Student 表

DROP TABLE　Student　CASCADE ；

■ 基本表定义被删除,数据被删除

■ 表上建立的索引、视图、触发器等一般也将被删除

例 12　若表上建有视图 View,选择 RESTRICT 时表不能删除。

```
CREATE VIEW IS_Student
  AS
SELECT Sno,Sname,Sage
FROM   Student
WHERE Sdept='IS';

DROP TABLE Student RESTRICT;
```

--ERROR: cannot drop table Student because other objects depend on it

如果选择 CASCADE 时可以删除表,视图也自动被删除

```
DROP TABLE Student CASCADE;
--NOTICE: drop cascades to view IS_Student
SELECT * FROM IS_Student;
--ERROR: relation " IS_Student " does not exist
```

3.3.3　索引的定义与删除

建立索引的目的,是加快查询速度。用户可以根据应用环境的需求,在基本表上建立一个或者多个索引。一般来说,建立与删除索引由数据库管理员 DBA 或表的创建者负责完成。DBMS 在存取数据时,会自动选择合适的索引作为存取路径,用户不必也不能显示地选择索引。

3.3.3.1　索引的建立

在 SQL 语言中,使用 Create Index 语句定义索引,语法格式如下:

CREATE [UNIQUE] [CLUSTER] INDEX <索引名>

ON <表名>(<列名>[<次序>][,<列名>[<次序>]]…);

其中,<表名>表示要建立索引的基本表的名字。索引可以建立在该表的一列或者多列上,各个列名之间用“,”隔开。每个<列名>后面还可以用<次序>指定索引值的排列次序;ASC 升序(默认)与 DES 降序。

UNIQUE:称为唯一索引,表明此索引的每一个索引值只对应唯一的数据记录。

CLUSTER:称为聚族索引,是指索引项的顺序与基本表中记录的物理顺序相一致的索引组织。通常,在一个基本表上最多建立一个聚族索引,可以提高查询效率。

例 13　CREATE CLUSTER INDEX Stusname ON Student(Sname);

说明:在 Student 表的 Sname(姓名)列上建立一个聚簇索引。

在最经常查询的列上建立聚簇索引以提高查询效率,一个基本表上最多只能建立一个聚簇索引,经常更新的列不宜建立聚簇索引。

例 14　为学生-课程数据库 ST 中的 Student,Course,SC 三个表分别建立索引。

CREATE UNIQUE INDEX　Stusno ON Student(Sno)；

//Student 表按学号升序建唯一索引

CREATE UNIQUE INDEX　Coucno ON Course(Cno)；

//Course 表按课程号升序建唯一索引

CREATE UNIQUE INDEX　SCno ON SC(Sno ASC,Cno DESC)；

// SC 表按学号升序和课程号降序建唯一索引

3.3.3.2　索引的删除

索引一旦建立，就由 DBMS 使用和维护它，不需要用户干预。但是，随着数据增删改查的频繁操作，会降低查询效率，需要删除一些不必要的索引。

在 SQL 语言中，使用 Drop Index 语句定义索引，语法格式如下：

DROP INDEX ＜索引名＞；

删除索引时，系统会从数据字典中删去有关该索引的描述。

［例 15］　删除 Student 表的 Stusname 索引

DROP INDEX Stusname；

3.4　数据查询

3.4.1　Select 语句

数据库查询是数据库的核心操作。SQL 语言提供了 Select 语句进行数据库的查询，语法格式如下：

SELECT [ALL|DISTINCT] ＜目标列表达式＞(属性)[,＜目标列表达式＞(属性)]…

FROM ＜表名或视图名＞[,＜表名或视图名＞]…

[WHERE ＜条件表达式＞]

[GROUP BY ＜列名 1＞

[HAVING ＜条件表达式＞]]

[ORDER BY ＜列名 2＞ [ASC|DESC]]；

整个 Select 语句的含义：根据 where 子句的条件表达式，从 From 子句指定的基本表或者视图中找出满足条件的元组，再按照 Select 子句中的目标列表达式(属性)，选出元组中的属性值形成结果表。

如果有 Group by 子句，则结果按照＜列名 1＞的值进行分组，该属性值相等的元组为一组。通常会在每组中添加聚集函数。如果 Group by 子句还带有 HAVING 短语，则只有满足指定条件的组才可以输出。

进一步，如果带有 ORDER BY 子句，则结果还要按照＜列名 2＞的值进行升序或降序排序。

3.4.2 Select 语句的特点

Select 语句既可以完成简单的单表查询，也可以完成复杂的多表查询、连接查询、嵌套查询和集合查询。下面以 3.2 节学生—课程数据库 ST 为例，按照这一顺序，讲解 Select 语句的功能以及各种用法。

3.4.3 单表查询

顾名思义，单表查询，是指涉及一个基本表的查询操作。

3.4.3.1 选择表中的若干列——列操作

例 1 查询学生的学号、姓名与年龄。

```
Select sno,sname. sage
From student;
```

查询结果，见表 3-5。

表 3-5 查询结果

sno	sname	sage
2016911001	张旺	20
2016911002	邹艾红	19
2016911003	李磊	18
2016911004	郑香	19
2016911005	王怡	19

分析：因为查询的结果属性为学号、姓名与年龄，所以直接写在 Select 后面，又由于均在学生表中，所以 from 子句后面写为 student。

如果需要将表中的所有属性全部找出来，可以有两种方法完成：

第 1，就是在 select 关键字的后面列出所有的列名。

第 2，可以将 select 后的<目标列表达式>指定为 *。

例 2 查询课程的全部信息。

方法一：

```
Select cno,cname,cpno,credite
From course;
```

方法二：

```
Select *
From course;
```

在 select 关键字的后面列名的顺序，可以与基本表中的属性顺序不一致。

例 3 查询学生的姓名、学号、所在系。

```
SELECT Sname,Sno,Sdept
```

FROM Student;

3.4.3.2 查询经过计算的值

Select 子句的<目标列表达式>不仅可以是表中的属性列，也可以是算术表达式、字符串常量、函数和别名。

例 4 查询全体学生的姓名及其出生年份。

SELECT Sname,2017－Sage　　/＊假定当年的年份为 2017 年＊/

FROM Student;

查询结果，见表 3-6。

表 3-6 查询结果

sname	2017－sage
张旺	1997
邹艾红	1998
李磊	1999
郑香	1998
王怡	1998

分析：查询的结果属性为姓名与出生年份，但是 student 表中并没有出生年份该属性，可以通过算术表达式(2017－sage)计算得到，所以在 Select 后面写上 Sname,2017－Sage，又由于 sname 和 sage 属性均在学生表中，所以 from 子句后面写为 student。

例 5 查询全体学生的姓名、出生年份和所有系，要求用小写字母表示所有系名。

SELECT Sname,'Year of Birth: ',2017－Sage,LOWER(Sdept)

FROM Student;

分析：在查询结果中用到了字符串常量'Year of Birth: '和函数 LOWER()将大写字母转为小写字母(UPPER()将小写字母转为大写字母)。由于 sname、sage 和 Sdept 属性均在学生表中，所以 from 子句后面写为 student。

例 6 对例 5 用别名来改变查询结果的列标题。

方法一：

SELECT Sname NAME,'Year of Birth: ' BIRTH,
　　2017－Sage BIRTHDAY,LOWER(Sdept) DEPARTMENT

FROM Student;

方法二：

SELECT Snameas NAME,'Year of Birth: ' as BIRTH,
　　2017－Sage as BIRTHDAY,LOWER(Sdept) as DEPARTMENT

FROM Student;

查询结果，见表 3-7 所示。

表 3-7 查询结果

NAME	BIRTH	BIRTHDAY	DEPARTMENT
张旺	Year of Birth:	1997	CS
邹艾红	Year of Birth:	1998	CS
李磊	Year of Birth:	1999	ME
郑香	Year of Birth:	1998	IS
王怡	Year of Birth:	1998	AC

3.4.3.3 选择表中的若干元组——行操作

(1)清除取值重复的行

在 select 子句后面有两个关键词:ALL 和 DISTINCT。All 表示查询结果中保留重复的元组;相反,DISTINCT 表示重复的元组只在查询结果中显示一次。如果没有指定 DISTINCT 关键词,则缺省为 ALL。

例 7 查询选修了课程的学生学号。

```
SELECT Sno
FROM SC;
```

等价于:

```
SELECT ALL Sno
FROM SC;
```

如果指定 DISTINCT 关键词,可以在查询结果中去掉重复的行。语句如下:

```
SELECT DISTINCT Sno
FROM SC;
```

(2)查询满足条件的元组

通过 where 子句可以用来查询满足条件的元组。Where 子句常用的查询条件,如表 3-8 所示。

表 3-8 常用的查询条件

查询条件	谓词
比较	=,>,<,>=,<=,!=,<>,!>,!<;NOT+上述比较运算符
确定范围	BETWEEN AND,NOT BETWEEN AND
确定集合	IN,NOT IN
字符匹配	LIKE,NOT LIKE
空值	IS NULL,IS NOT NULL
多重条件(逻辑运算)	AND,OR,NOT

- 比较大小:

用于比较大小的运算符,一般包括:

=,>,<,>=,<=,!=,<>,!>,!<

例 8 查询 1 号课程的名称与学分。

```
SELECT cname,credit
FROM course
WHERE cno='1';
```

例 9 查询所有年龄在 21 岁以下的学生姓名及其年龄。

```
SELECT Sname,Sage
FROM Student
WHERE Sage < 21;
```

例 10 查询考试成绩有不及格的学生的学号。假设采用百分制。

```
SELECT DISTINCT Sno
FROM   SC
WHERE Grade<60;
```

● 确定范围:

谓词 BETWEEN... AND…和 NOT BETWEEN... AND…可以用来查找属性值在(或者不在)指定范围内的元组,其中 BETWEEN 后是范围的下限,AND 后是范围的上限。

例 11 查询年龄在 20～23 岁(包括 20 岁和 23 岁)之间的学生的姓名、系别和年龄

```
SELECT Sname,Sdept,Sage
FROM Student
WHERE Sage BETWEEN 20 AND 23;
```

例 12 查询年龄不在 20～23 岁之间的学生姓名、系别和年龄

```
SELECT Sname,Sdept,Sage
FROM Student
WHERE Sage NOT BETWEEN 20 AND 23;
```

● 确定集合:

谓词 IN 可以用来查找属性值属于指定集合的元组。

例 12 查询信息系(IS)、机械工程系(ME)和计算机科学系(CS)学生的姓名和性别。

```
SELECT Sname,sex
FROM   Student
WHERE Sdept IN ('IS','ME','CS');
```

例 13 查询既不是信息系、机械工程系,也不是计算机科学系的学生的姓名和性别。

```
SELECT Sname,Ssex
FROM Student
WHERE Sdept NOT IN ('IS','ME','CS');
```

● 字符匹配:

谓词 Like 可以用来进行字符串的匹配。语法格式如下:

[NOT] LIKE '<匹配串>' [ESCAPE '<换码字符>']

说明:其含义是查抄指定的属性列值与<匹配串>相匹配的元组。<匹配串>可以是一个完整的字符串,也可以含义通配符%和_。

%(百分号):它可以代表任意长度(长度可以是 0)的字符串。例如 c%r 可以表示以 c 开头,以 r 结尾的任意长度的字符串。比如 car,cbbr 等都满足该匹配串。

_(下划线):代表任意单个英文字符。例如 c_r 表示以 c 开头,以 r 结尾的长度为 3 的任意字符串。如 car,cbr 等都满足该匹配串。

字符串匹配分为以下几种情况:

(1)匹配串为固定字符串

例 14 查询学号为 2015911001 的学生的详细情况。

```
SELECT *
FROM   Student
WHERE   Sno LIKE '2015911001';
```

等价于:

```
SELECT   *
FROM   Student
WHERE Sno = ' 2015911001 ';
```

说明:如果 Like 后面的匹配串中不包含通配符,则可以用=(等于)运算符取代 Like 谓词,用! =或<>(不等于)运算符取代 Not Like 谓词。

(2)匹配串为含通配符的字符串

例 15 查询所有姓王学生的姓名和性别。

```
SELECT Sname,Ssex
FROM Student
WHERE   Sname LIKE '王%';
```

例 16 查询姓"张"且全名为两个汉字的学生的姓名。

```
SELECT Sname
FROM    Student
WHERE   Sname LIKE '张__';
```

说明:因为一个汉字要占用两个字符,所以在"张"后面需要添加两个"_",表示第二字。

例 17 查询名字中第 2 个字为"阳"字的学生的姓名。

```
SELECT Sname
FROM Student
WHERE Sname LIKE '__阳%';
```

例 18 查询所有不姓王的学生姓名和性别。

```
SELECT Sname,Ssex
FROM Student
WHERE Sname NOT LIKE '王%';
```

(3)使用换码字符将通配符转义为普通字符

如果在查询的字符串本身包含有通配符%或者_,就会造成混淆,因此就必须使用 ESCAPE'<换码字符>'短语,对通配符进行转义说明。

例 19 查询 DB_Design 课程的课程号和学分。

```
SELECT Cno,Ccredit
FROM Course
WHERE Cname LIKE 'DB\_Design' ESCAPE '\';
```

说明：ESCAPE '\' 表示" \"为换码字符。表示这样的字符串中紧跟在"\"后面的字符"_"不再具有通配符的含义，转为普通的"_"字符。

例 20　查询以"DB_"开头，且倒数第 3 个字符为 i 的课程的详细情况。

```
SELECT  *
FROM   Course
WHERE  Cname LIKE  'DB\_%i_ _' ESCAPE '\ ';
```

说明：第一个_前面有换码字符\，所以它被转义为普通的_字符；而 i 后面的两个_的前面均没有换码字符\，所以它们仍作为通配符。

涉及空值的查询：

谓词 IS NULL 或 IS NOT NULL，用来进行空值表示。注意："IS" 不能用"＝" 代替。

例 21　某些学生选修课程后没有参加考试，所以有选课记录，但没有考试成绩。查询缺少成绩的学生的学号和相应的课程号。

```
SELECT Sno,Cno
FROM   SC
WHERE  Grade IS NULL
```

例 22　查所有有成绩的学生学号和课程号。

```
SELECT Sno,Cno
FROM   SC
WHERE  Grade IS NOT NULL;
```

注意：Null 表示没有对其对象进行赋值操作；整数 0 表示对象的值为。

多重条件查询：

多重条件查询，就是利用逻辑运算符 AND 和 OR 连接多个查询条件。AND 的优先级要高于 OR，但是用户可以通过括号()改变优先级。

例 23　查询计算机系年龄在 20 岁以下的学生姓名。

```
SELECT Sname
FROM   Student
WHERE Sdept= 'CS' AND Sage<20;
```

3.4.3.4　Order By 子句

如果需要对查询的结果进行排序操作，可以使用 Order By 子句按照一个或者多个属性列的升序(ASC)或者降序(DESC)排列，默认值为升序。

当排序列含空值时

■ ASC：排序列为空值的元组最后显示

■ DESC：排序列为空值的元组最先显示

例 24　查询选修了 1 号课程的学生的学号及其成绩，查询结果按分数降序排列。

```
SELECT Sno,Grade
```

```
FROM  SC
WHERE  Cno='1'
ORDER BY Grade DESC;
```

例 25 查询全体学生情况，查询结果按所在系的系号升序排列，同一系中的学生按年龄降序排列。

```
SELECT  *
FROM  Student
ORDER BY Sdept,Sage DESC;
```

3.4.3.5 聚集函数

为了配合 group by 子句，以及方便用户增强检索功能，SQL 提供了许多聚集函数，常用的有以下几类。

- 计数

COUNT([DISTINCT|ALL] *)　　//统计元组个数

COUNT([DISTINCT|ALL] ＜列名＞)　//统计一列中值的个数

- 计算总和

SUM([DISTINCT|ALL] ＜列名＞)　//计算一列值的总和(此列必须是数值型)

- 计算平均值

AVG([DISTINCT|ALL] ＜列名＞)　//计算一列值的平均值(此列必须是数值型)

- 最大最小值

MAX([DISTINCT|ALL] ＜列名＞)　//求一列中值的最大值

MIN([DISTINCT|ALL] ＜列名＞)　//求一列中值的最小值

在聚集函数遇到空值 NULL 时，除 count(*)外，都跳过空值而只处理非空值。

例 26 查询学生总人数。

```
SELECT COUNT(*)
FROM  Student;
```

例 27 查询选修了课程的学生人数。

```
SELECT COUNT(DISTINCT Sno)
FROM SC;
```

说明：如果指定 DISTINCT 短语，则表示在计算时要取消指定列中的重复值。如果不指定 DISTINCT 短语或者指定 ALL 短语(ALL 为缺省值)，则表示不取消重复值。

例 28 计算 3 号课程的学生平均成绩。

```
SELECT AVG(Grade)
FROM SC
WHERE Cno='3';
```

例 29 查询选修 3 号课程的学生最高分数。

```
SELECT MAX(Grade)
FROM SC
WHER Cno='3'
```

3.4.3.6　GROUP BY 子句

GROUP BY 子句可以与聚集函数共同使用，主要是用来细化聚集函数的作用对象。未对查询结果分组，聚集函数将作用于整个查询结果；对查询结果分组后，聚集函数将分别作用于每个组。

其作用对象是查询的中间结果表，按指定的一列或多列值分组，值相等的为一组。

例 30　求各个课程号及相应的选课人数。

```
SELECT Cno,COUNT(Sno)
FROM    SC
GROUP BY Cno;
```

例 31　查询选修了 3 门以上课程的学生学号。

```
SELECT Sno
FROM  SC
GROUP BY Sno
HAVING  COUNT(*)>3;
```

通过例 30 与例 31，可以发现在分组操作中，分组的属性列会同时出现在 SELECT 子句和 GROUP BY 子句中。例如，在例 30 中的 cno 和在例 31 中的 sno。

Where 子句与 Having 短语的区别，如下：

■ 作用对象不同；

　■ WHERE 子句作用于基表或视图，从中选择满足条件的元组；

　　■ HAVING 短语作用于组，从中选择满足条件的组。

3.4.4　多表查询——连接查询

多表查询，即连接查询，是指在查询过程中，同时涉及多个基本表表的查询操作。连接查询是关系数据库中最主要的查询，包括非/等值连接查询、自然连接查询、自身连接查询、外连接查询和复合条件连接查询。

连接查询的语法格式，如下：

方式一：

[＜表名 1＞.]＜列名 1＞　＜比较运算符＞　[＜表名 2＞.]＜列名 2＞

方式二：

[＜表名 1＞.]＜列名 1＞ BETWEEN [＜表名 2＞.]＜列名 2＞ AND [＜表名 2＞.]＜列名 3＞

其中，连接条件或连接谓词：用来连接两个表的条件。

连接字段：连接谓词中的列名称。

连接条件中的各连接字段类型必须是可比的，但名字不必是相同的。

3.4.4.1　非/等值连接

当连接运算符为＝，称为等值连接。使用其他运算符，则称为非等值连接。

例 32　查询每个学生及其选修课程的情况。

```
SELECT  Student.*,SC.*
```

```
FROM    Student,SC
WHERE  Student.Sno = SC.Sno;
```

说明:学生信息存放在 student 表中,选课信息则存放在 sc 表中,所以本查询涉及 student 和 sc 两个基本表,它们之间通过公共属性 sno 进行连接。

假设采用 3.2 节中 student 和 sc 基本表的数据,该查询的执行结果,如图 3-5 所示。

表 3-9 例 32 查询的结果

Student. Sno	Sname	sex	Sage	Sdept	SC. Sno	Cno	Grade
2016911001	张旺	男	20	CS	2016911001	1	92
2016911001	张旺	男	20	CS	2016911001	2	85
2016911002	邹艾红	女	19	CS	2016911002	2	90
2016911002	邹艾红	女	19	CS	2016911002	3	80
2016911003	李磊	男	18	ME	2016911003	2	75
2016911003	李磊	男	18	ME	2016911003	3	85

3.4.4.2 自然连接

若在等值连接中把目标列中重复的属性列去掉,称为自然连接。

例 33 对例 32 用自然连接实现。

```
SELECT  Student.Sno,Sname,Ssex,Sage,Sdept,Cno,Grade
FROM    Student,SC
WHERE   Student.Sno = SC.Sno;
```

说明:对比例 32 可以发现,去掉了 SC 表中重复的属性列 sno,因此 Sname,Ssex,Sage,Sdept,Cno 和 Grade 属性在两个表中均是唯一的,所以可以去掉表的前缀。

3.4.4.3 自身连接

连接操作不仅可以在两个表之间进行,也可以是一个表与其自身进行连接操作,称为表的自身连接。

注意:在进行自身连接时,需要给表起别名以示区别;同时,由于所有属性名都是同名属性,因此必须使用别名前缀。

例 34 查询每一门课的间接先修课。

本例就是需要查找先修课的先修课,因此可以采用自身连接完成操作。为止,要为 course 表取两个别名:一个表 FIRST;另一个表 SECOND。

```
SELECT  FIRST.Cno,SECOND.Cpno
FROM    Course  FIRST,Course  SECOND
WHERE FIRST.Cpno = SECOND.Cno;
```

3.4.4.3 外连接

外连接的基本概念已经在第 2 章讲解过。它与普通连接的区别,如下:

■ 普通连接操作只输出满足连接条件的元组。

■ 外连接操作以指定表为连接主体，将主体表中不满足连接条件的元组一并输出。又可以分为左外连接与右外连接。

例 35　查询每个学生及其选修课程的左、右外连接。

左外连接：

```
SELECT Student.Sno,Sname,Ssex,Sage,Sdept,Cno,Grade
FROM   Student  LEFT OUT JOIN SC ON (Student.Sno=SC.Sno);
```

右外连接：

```
SELECT Student.Sno,Sname,Ssex,Sage,Sdept,Cno,Grade
FROM   Student RIGHT OUT JOIN SC ON (Student.Sno=SC.Sno);
```

3.4.4.5　复合条件连接

前面各个连接查询中，where 子句中都只有一个条件。Where 子句中可以有多个连接条件，称为复合条件连接。

(1)两个表的连接操作

例 36　查询选修 1 号课程且成绩在 85 分以上的所有学生的学号和姓名。

```
SELECT Student.Sno, Sname
FROM     Student, SC
WHERE Student.Sno = SC.Sno AND
      SC.Cno= '1' AND SC.Grade > 85;
```

查询结果，见表 3 - 10。

表 3 - 10　查询结果

Student. sno	sname
2016911001	张旺
2016911005	王怡

说明：按照前面单表查询分析方法类似，查询结果属性为学号和姓名，查询条件所涉及的属性为 cno 和 grade，可以发现出现在 student 和 sc 表中，涉及两个表的查询。因此通过两个表的公共属性 sno 进行连接，语句：Student. Sno = SC. Sno，再通过逻辑 and 运算符添加其他查询条件。

(2)多个表的连接操作

例 37　查询每个学生的学号、姓名、选修的课程名及成绩

```
SELECT Student.Sno,Sname,Cname,Grade
FROM     Student,SC,Course
WHERE Student.Sno = SC.Sno
      and SC.Cno = Course.Cno;
```

说明：查询结果属性为学号、姓名、选修的课程名 cname 及成绩 grade，发现出现在 student 和 course 表中，但是该两个表之间没有公共属性，因此需要借助 sc 表来完成连接操作，因此实际上涉及三个表的查询。因此，通过 sc 表的公共属性 sno 和 cno 将三个表进行连

接,语句:Student. Sno = SC. Sno and SC. Cno = Course. Cno。

3.4.5 嵌套查询

嵌套查询,是指将一个查询块嵌套在另一个查询块的 WHERE 子句或 HAVING 短语的条件中的查询。其中,一个 SELECT-FROM-WHERE 语句称为一个查询块。

例如:

```
SELECTSname                    /*外层查询或父查询*/
    FROM Student
    WHERE Sno IN
      (SELECT Sno              /*内层查询或子查询*/
        FROM SC
        WHERE Cno='1');
```

上层的查询块称为外查询或父查询,下层查询称为内层查询或子查询。其中,子查询的限制不能使用 ORDER BY 子句,ORDER BY 子句只能对最终查询结果排序。

SQL 语言允许多层嵌套查询,即一个子查询中还可以嵌套其他子查询。因此层层嵌套的方式来构造程序,正是 SQL(Structured Query Language)中"结构化"的含义。

嵌套查询,一般分为不相关嵌套子查询和相关嵌套子查询。

- 不相关嵌套子查询,是指子查询的查询条件不依赖于父查询。其执行过程:由里向外 逐层处理。即每个子查询在上一级查询处理之前求解,子查询的结果用于建立其父查询的查找条件。
- 相关嵌套子查询,是指子查询的查询条件依赖于父查询。其执行过程:首先取外层查询中表的第一个元组,根据它与内层查询相关的属性值处理内层查询,若 WHERE 子句返回值为真,则取此元组放入结果表然后再取外层表的下一个元组,重复这一过程,直至外层表全部检查完为止

(1)带有 IN 谓词的子查询

在嵌套查询中,子查询的结果通常是一个集合,所以谓词 IN 是嵌套查询中最经常使用额谓词。

例 38 查询与"张旺"在同一个系学习的学生。

分析:按照以前的方法,此查询要求可以分步来完成,如下:

① 确定"张旺"所在系名

```
SELECT  Sdept
FROM    Student
WHERE   Sname='张旺';
```

结果为:CS

② 查找所有在 CS 系学习的学生。

```
SELECT  Sno,Sname,Sdept
FROM    Student
WHERE   Sdept='CS';
```

因此，可以通过 IN 谓词将这两个步骤进行结合起来，构成嵌套查询如下：

```
SELECT Sno,Sname,Sdept
FROM Student
WHERE Sdept  IN
(SELECT Sdept
FROM Student
WHERE Sname='张旺');
```

此嵌套查询为不相关子查询。

(2)带有比较运算符的子查询

带有比较运算符的子查询，是指父查询与子查询之间用比较运算符进行连接。如果当能确切知道内层查询返回单值时，可用比较运算符(>,<,=,>=,<=,!=或<>)，并与 ANY 或 ALL 谓词配合使用。

例 39 找出每个学生超过他选修课程平均成绩的课程号。

```
SELECT Sno, Cno
FROM  SC  x
WHERE Grade >=(SELECT AVG(Grade)
                    FROM  SC y
                     WHERE y.Sno=x.Sno);
```

说明：x 是 SC 表的别名，可以用来表示 SC 的一个元组。内层查询是求一个学生所有选修课平均成绩，至于是哪个学生的平均成绩要看参数 x.sno 的值，而该值是与父查询相关的，因此本查询为相关嵌套子查询。

(3)带有 ANY 或 ALL 谓词的子查询

如果当子查询返回多值时，需要用到 ANY 或 ALL 谓词。使用 ANY 或 ALL 谓词时必须同时使用比较运算符。

例 40 查询其他系中比计算机科学某一学生年龄小的学生姓名和年龄

方法一：用 ANY 谓词

```
SELECT Sname,Sage
FROM   Student
WHERE Sage < ANY (SELECT  Sage
                    FROM   Student
                    WHERE Sdept='CS')
  AND Sdept <> 'CS';  /*父查询块中的条件,表示非计算机科学专业*/
```

方法二：用聚集函数实现

```
SELECT Sname,Sage
FROM   Student
WHERE Sage <
      (SELECT MAX(Sage)
      FROM Student
```

```
          WHERE Sdept='CS')
      AND Sdept <> 'CS';
```

本查询为非相关嵌套子查询。

例 41　查询其他系中比计算机科学系所有学生年龄都小的学生姓名及年龄。

方法一：用 ALL 谓词

```
SELECT Sname,Sage
FROM Student
WHERE Sage < ALL
          (SELECT Sage
          FROM Student
          WHERE Sdept= 'CS')
      AND Sdept <> 'CS';
```

方法二：用聚集函数实现

```
SELECT Sname,Sage
FROM Student
WHERE Sage <
          (SELECT MIN(Sage)
          FROM Student
          WHERE Sdept= 'CS')
      AND Sdept <>'CS';
```

同样，本查询为非相关嵌套子查询。

可以发现，使用聚集函数实现子查询通常比直接使用 ANY 或 ALL 谓词查询效率要高。ANY、ALL 谓词和聚集函数的对应关系，见表 3-11。

表 3-11　ANY(或 SOME)，ALL 谓词与聚集函数、IN 谓词的等价转换关系

	=	<>或！=	<	<=	>	>=
ANY	IN	--	<MAX	<=MAX	>MIN	>=MIN
ALL	--	NOT INV<MIN	<=MIN	>MAX	>=MAX	

(4)带有 EXISTS 谓词的子查询

EXISTS 谓词代表存在量词∃，带有 EXISTS 谓词的子查询不返回任何数据，只产生逻辑真值“true”或逻辑假值“false”。

若内层查询结果非空，则外层的 WHERE 子句返回真值；

若内层查询结果为空，则外层的 WHERE 子句返回假值。

NOT EXISTS 谓词，相反。

例 42　查询所有选修了 3 号课程的学生姓名。

思路分析：

■ 本查询涉及 Student 和 SC 关系

■ 在 Student 中依次取每个元组的 Sno 值，用此值去检查 SC 关系

■ 若 SC 中存在这样的元组，其 Sno 值等于此 Student. Sno 值，并且其 Cno= '1'，则取此 Student. Sname 送入结果关系

```
SELECT Sname
FROM Student
WHERE EXISTS
        (SELECT *
        FROM SC
        WHERE Sno=Student. Sno AND Cno= '1');
```

本查询为相关嵌套子查询。

例 43 查询没有选修 3 号课程的学生姓名。

```
SELECT Sname
FROM Student
WHERE NOT EXISTS
        (SELECT *
        FROM SC
        WHERE Sno = Student. Sno AND Cno='3');
```

同样，本查询为相关嵌套子查询。

3.4.6 集合查询

Select 语句的查询结果是元组的集合，因此多个 select 语句的结果可进行集合操作。集合操作主要包括并操作 UNION、交操作 INTERSECT 和差操作 EXCEPT。

与关系代数中的集合运算一样，SQL 语言中的集合操作也必须满足两个要求：

- 查询结果的列数必须相同；
- 对应项的数据类型必须相同。

例 44 查询计算机科学系的学生及年龄不大于 20 岁的学生。

```
SELECT *
FROM Student
WHERE Sdept= 'CS'
UNION
SELECT *
FROM Student
WHERE Sage<=20;
```

说明：

UNION：将多个查询结果合并起来时，系统自动去掉重复元组。

UNION ALL：将多个查询结果合并起来时，保留重复元组。

例 45 查询计算机科学系的学生与年龄不大于 20 岁的学生的交集。

```
SELECT *
```

```
FROM Student
WHERE Sdept='CS'
INTERSECT
SELECT *
FROM Student
WHERE Sage<=20;
```

例 46 查询计算机科学系的学生与年龄不大于 20 岁的学生的差集。

```
SELECT *
FROM Student
WHERE Sdept='CS'
EXCEPT
SELECT  *
FROM Student
WHERE Sage <=20;
```

3.4.7 关系代数表达式与 SQL 语句的等价

在第 2 章中，已经介绍了关系代数用于数据的查询操作，其实在一定场合下关系代数表达式与 SQL 语句之间是可以等价替换的。

例如，上面例 23 查询计算机系年龄在 20 岁以下的学生姓名。

方法一：

关系代数表达式，如下：

$\Pi sname(\sigma Sdept='CS' \wedge Sage<20(student))$

方法二：

SQL 语句，如下：

```
SELECT Sname
FROM   Student
WHERE Sdept= 'CS' AND Sage<20;
```

再例如，例 36 查询选修 1 号课程且成绩在 85 分以上的所有学生的学号和姓名。方法一：

关系代数表达式，如下：

$\Pi student.sno, sname(\sigma SC.Cno='1' \wedge SC.Grade > 85 (student ※ sc))$

方法二：

SQL 语句，如下：

```
SELECT Student.Sno, Sname
FROM     Student, SC
WHERE Student.Sno = SC.Sno AND
SC.Cno= '1' AND SC.Grade > 85;
```

通过观察上面的两个实例，可以发现关系代数表达式与 SQL 语句之间的等价替换是具有一定规律的，如表 3-12 所示。

表 3-12　关系代数表达式与 SQL 语句之间的等价替换关系

SQL 语句	关系代数表达式
Select 列名	Π 属性名
From 表名	（表名）
Where 条件表达式	σ 条件表达式

3.5　数据更新

数据库的数据更新操作主要有三类：向表中添加若干行数据、修改表中的和删除表中的若干行数据。在 SQL 语言中，分别对于 insert、update 和 delete 语句。

3.5.1　数据插入

SQL 的数据插入语句 INSERT 通常有两种形式：

(1)插入一个元组；

(2)插入子查询结果，插入多个元组。

3.5.1.1　插入一个元组

一次插入一个元组的语句格式，如下：

```
INSERT
INTO <表名> [(<属性列 1>[,<属性列 2 >…)]
VALUES (<常量 1> [,<常量 2>]      …          ) ;
```

说明：将新元组插入指定表中。

其中，INTO 子句有如下要求：

- 属性列的顺序可与表定义中的顺序不一致
- 没有指定属性列
- 指定部分属性列

VALUES 子句有如下要求：

提供的值必须与 INTO 子句匹配，包括值的个数和值的类型。

例 47　将一个新学生元组(学号：2015911006；姓名：胡晓亮；性别：男；所在系：CS；年龄：18 岁)插入到 Student 表中。

```
INSERT
INTO   Student (Sno,Sname,Ssex,Sdept,Sage)
VALUES ('2015911006','胡晓亮','男','CS',18);
```

说明：在 INTO 子句中指出了表名 student，指出了新增加的元组在哪些属性上要赋值，属性的顺序可以与基本表中的属性顺序不一致。

例 48 将学生张成民的信息插入到 Student 表中。

```
INSERT
INTO  Student
VALUES ('2015911007','张成民','男',18,'ME');
```

说明:在 INTO 子句中只指出了表名 student,没有指出属性名,这表示新元组要在表的所有属性上都指定值,并且属性的顺序必须与基本表中的属性顺序保持一致。

例 49 插入一条选课记录('2015911006','1')。

```
INSERT
INTO SC(Sno,Cno)
VALUES ('2015911006 ',' 1 ');
```

说明:RDBMS 将在新插入记录的 Grade 列上自动地赋空值。

等价于

```
INSERT
INTO SC
VALUES ('2015911006','1',NULL);
```

3.5.1.2 插入子查询结果

插入子查询结果的语句格式,如下:

```
INSERT
INTO <表名>  [(<属性列 1>[,<属性列 2>… ])]
```

子查询;

说明:将子查询结果插入指定表中。

其中,INTO 子句有如下要求:

- 属性列的顺序可与表定义中的顺序不一致
- 没有指定属性列
- 指定部分属性列

子查询有如下要求:

■ SELECT 子句目标列必须与 INTO 子句匹配,包括值的个数和值的类型。

例 50 对每一个系,求学生的平均年龄,并把结果存入数据库。

第一步:建表

```
CREATE  TABLE  Dept_age
  (Sdept  CHAR(15)      /* 系名 */
    Avg_age SMALLINT);  /* 学生平均年龄 */
```

第二步:插入数据

```
INSERT
INTO  Dept_age(Sdept,Avg_age)
    SELECT  Sdept,AVG(Sage)
    FROM  Student
    GROUP BY Sdept;
```

3.5.2　数据更新

更新操作，又称为修改操作，其语句的一般格式为

```
UPDATE  <表名>
SET  <列名>=<表达式>[,<列名>=<表达式>]…
[WHERE <条件>];
```

说明：修改指定表中满足 WHERE 子句条件的元组

SET 子句有如下要求：

➢ 指定修改方式；

➢ 要修改的列；

➢ 修改后取值。

WHERE 子句有如下要求：

➢ 指定要修改的元组；

➢ 缺省表示要修改表中的所有元组。

(1)修改某一个元组的值

例 51　将学生 2015911001 的年龄改为 20 岁。

```
UPDATE  Student
SET Sage=20
WHERE  Sno='2015911001';
```

(2)修改多个元组的值

例 52　将所有学生的年龄增加 1 岁

```
UPDATE Student
SET Sage= Sage+1;
```

(3)带子查询的修改语句

例 53　将计算机科学系全体学生的成绩置零。

```
UPDATE SC
SET  Grade=0
WHERE 'CS'=
        (SELETE Sdept
        FROM Student
        WHERE Student.Sno = SC.Sno);
```

3.5.3　数据删除

数据删除语句的一般格式为

```
DELETE
FROM<表名>
[WHERE <条件>]
```

说明：删除指定表中满足 WHERE 子句条件的元组

WHERE 子句有如下要求：

■ 指定要删除的元组；

■ 缺省表示要删除表中的全部元组，表的定义仍在字典中。

(1)删除某一个元组的值

例 54 删除学号为 2015911001 的学生记录。

```
DELETE
FROM Student
WHERE Sno='2015911001';
```

(2)删除多个元组的值

例 55 删除所有的学生选课记录。

```
DELETE
FROM SC;
```

(3)带子查询的删除语句

例 56 删除计算机科学系所有学生的选课记录。

```
DELETE
FROM SC
WHERE  'CS'=
        (SELETE Sdept
        FROM Student
        WHERE Student.Sno=SC.Sno);
```

3.6 视图

视图，是从一个或几个基本表(或视图)导出的表。它与基本表不同，它是一个虚表。数据库中只存放视图的定义，不存放视图对应的数据，这些数据仍存放在对应的原来的基本表中。所以当基表中的数据发生变化，从视图中查询出的数据也随之改变

视图不仅可以在基本表上定义，也可以在一个视图上再定义一个新的视图。一旦视图定义，就可以和基本表一样进行查询、插入、修改和删除操作，但是对视图的更新操作则有一定的限制条件。

3.6.1 视图的定义

SQL 语言用 Create View 命令建立视图，一般格式为

```
CREATE  VIEW
<视图名>  [(<列名>  [,<列名>]…)]
AS  <子查询>
[WITH  CHECK  OPTION];
```

其中，子查询可以是任意复杂的 Select 语句，但通常不允许含有 ORDER BY 子句和

DISTINCT 短语。

WITH CHECK OPTION 为可选项，表示对视图进行 UPDATE，INSERT 和 DELETE 操作时要保证更新、插入或删除的行满足视图定义中的谓词条件（即子查询中的条件表达式）。

另外，组成视图的属性列与偶两种呈现状态：全部省略和全部指定。

如果省略了视图的各个属性列，则隐含该视图由子查询中 SELECT 子句目标列中的各个字段组成。

视图的全部属性指定时，要满足以下三个条件之一：

第 1，某个目标列不是单纯的属性名，而是聚集函数或表达式；

第 2，在进行多表连接时，选出几个同名列作为视图的字段；

第 3，需要在视图中为某个列启用新的更合适的名字。

若一个视图是从单个基本表导出的，并且只是去掉了基本表的某些行和某些列，但保留了主码，称这类视图为行列子集视图。

3.6.1.1 基于单表的视图建立

例 1 建立计算机科学系学生的视图。

```
CREATE VIEW IS_Student
AS
SELECT Sno,Sname,Sage
FROM    Student
WHERE   Sdept='CS';
```

说明：本例省略了视图的属性列，因此该视图由子查询中 select 子句中的三个属性列名组成。同时本例也满足行列子集视图的定义。

例 2 建立计算机科学系学生的视图，并要求进行修改和插入操作时仍需保证该视图只有信息系的学生 。

```
CREATE VIEWCS_Student
AS
SELECT Sno,Sname,Sage
FROM  Student
WHERE  Sdept='CS'
WITH CHECK OPTION;
```

说明：同例 1 相比较，整个 SQL 语句只是多了一条 WITH CHECK OPTION，其作用对视图 CS_Student 进行 UPDATE，INSERT 和 DELETE 操作时要保证更新、插入或删除的行满足视图定义中的子查询中的条件。

3.6.1.2 基于多表的视图建立

视图不仅可以建立在单个基本表上，也可以建立在多个基本表上。

例 3 建立计算机科学系选修了 2 号课程的学生视图。

```
CREATE VIEWCS_S1(Sno,Sname,Grade)
AS
```

```
SELECT Student. Sno,Sname,Grade
FROM   Student,SC
WHERE  Sdept='CS' AND
                    Student. Sno=SC. Sno AND
                    SC. Cno='2';
```

说明:由于视图 CS_S1 的属性列中包含了 student 和 SC 表的同名列 sno,所以必须在视图名后面明确说明视图的各个属性列。

3.6.1.3 基于视图的视图建立

视图不仅可以建立在单或者多个基本表上,也可以建立在一个或多个已经定义好的视图上,或者建立在基本表和视图上。

例 4 建立计算机科学系选修了 2 号课程且成绩在 90 分以上的学生的视图。

```
CREATE VIEWCS_S2
AS
SELECT Sno,Sname,Grade
FROMCS_S1
WHERE  Grade>=90;
```

说明:本例视图 CS_S2 就是建立在视图 CS_S1 之上的。同时本例也满足行列子集视图的定义。

3.6.1.4 带表达式的视图建立

由于视图中的数据并不实际存储,因此定义视图时可以根据应用的需求,设置一些派生属性列(即属性列的别名)。这些派生属性列由于在基本表中并不实际存在,通常称为虚拟列。带虚拟列的视图,也称为带表达式的视图。

例 5 定义一个反映学生出生年份的视图。

```
CREATE  VIEW BT_S(Sno,Sname,Sbirth)
AS
SELECT Sno,Sname,2017-Sage
FROM   Student;
```

说明;BT_S 视图的子查询带有表达式,以及在视图的属性名中利用虚拟列(别名)Sbirth,所以必须在视图名后面明确说明视图的各个属性列。同时本例也满足行列子集视图的定义。

3.6.1.5 分组视图建立

视图还可以带有聚集函数和分组 Group by 子句,这种视图称为分组视图。

例 6 将学生的学号及他的平均成绩定义为一个视图。

假设 SC 表中"成绩"列 Grade 为数值型。

```
CREAT  VIEW S_G(Sno,Gavg)
AS
SELECT Sno,AVG(Grade)
FROM   SC
```

GROUP BY Sno;

说明:由于在子查询中 SELECT 子句的目标列平均成绩是通过聚集函数得到的,所以必须在视图名后面明确说明视图的各个属性列。S_G 是一个分组视图。

3.6.2 视图的删除

SQL 语言用 Drop view 命令建立视图,一般格式为

DROP VIEW <视图名>[CASCADE];

说明:该语句从数据字典中删除指定的视图定义。

如果该视图上还导出了其他视图,使用 CASCADE 级联删除语句,把该视图和由它导出的所有视图一起删除。

删除基表时,由该基表导出的所有视图定义都必须显式地使用 DROP VIEW 语句删除。

例 8 删除视图 BT_S:

```
DROP VIEW BT_S;
```

删除视图 CS_S1:

```
DROP VIEW IS_S1;
```

说明:由于在 CS_S1 上还建立了视图 CS_S2,所以拒绝执行

如果确实要删除,可以采用级联删除,语句如下:

```
DROP VIEW CS_S1 CASCADE;
```

3.6.3 视图的查询

视图定义好之后,用户就可以像对基本表一样对视图进行查询了。

关系数据库 RDBMS 采用“视图消解法”对视图进行查询的执行,过程大致如下:

首先,进行有效性检查。检查查询中涉及的表、视图等是否存在。如果存在,则从数据字典中取出视图的定义,然后把定义中的子查询和用户的查询结果结合起来,转换成为等价的对基本表的查询,最后执行修正后的查询。

例 9 在信息系学生的视图中找出年龄小于 20 岁的学生。

```
SELECT Sno,Sage
FROMCS_Student
WHERE Sage<20;
```

说明:按照“视图消解法”,转换之后对基本表的查询语句,如下:

```
SELECT Sno,Sage
FROM Student
WHERE Sdept='CS' AND Sage<20;
```

例 10 查询选修了 1 号课程的信息系学生

```
SELECTCS_Student.Sno,Sname
FROMCS_Student,SC
WHERECS_Student.Sno =SC.Sno AND SC.Cno='1';
```

说明:本例通过视图 CS_Student 和 SC 基本表的连接查询来完成用户的请求。

在一般情况下,视图查询的转换是可以直接完成的。但是在有些情况之下,这种转换不能直接进行,否则在查询过程中会出现问题。

例 11 在 S_G 视图中查询平均成绩在 90 分以上的学生学号和平均成绩

```
SELECT *
FROM   S_G
WHERE  Gavg>=90;
```

S_G 视图的子查询定义,见例 6:

```
CREATE VIEW S_G (Sno,Gavg)
AS
SELECT  Sno,AVG(Grade)
FROM  SC
GROUP BY Sno;
```

说明:按照"视图消解法",转换之后对基本表的查询语句,如下:

```
SELECT Sno,AVG(Grade)
FROM      SC
WHERE  AVG(Grade)>=90
GROUP BY Sno;
```

可以发现,在 WHERE 子句中出现了 AVG(Grade)>=90,但是 SQL 语句中规定在 where 子句中不能使用聚集函数来作为条件表达式,因此执行该修正后的查询语句将会出现语法错误。

正确转换的查询语句,如下:

```
SELECT  Sno,AVG(Grade)
FROM  SC
GROUP BY Sno
HAVING AVG(Grade)>=90;
```

目前,多数关系数据库系统 RDBMS 对行列子集视图的查询均能进行正确转换。但是对非行列子集视图的查询就不一定能够转换,因此这类查询应该直接对基本表进行操作。

3.6.4 视图的更新

视图更新是指通过视图来插入、删除和修改数据。由于视图是一个虚表,因此对视图的更新,同视图的查询一样,最终也需要转换成对基本表的更新。

同时,为防止用户通过视图对数据进行增加、删除、修改时,有意无意地对不属于视图范围内的基本表数据进行操作,可以在定义视图时加上 WITH CHECK OPTION 子句。

(1)数据的增加操作

例 12 向计算机科学系学生视图 CS_Student 中插入一个新的学生记录:2015911010,王五,20 岁。

```
INSERT
```

```
INTO IS_Student
VALUES('2015911010','王五',20);
```

转换为对基本表的更新：

```
INSERT
INTO   Student(Sno,Sname,Sage,Sdept)
VALUES('2015911010 ','王五',20,'CS');
```

(2)数据的修改操作

例 13 将计算机科学系学生视图 CS_Student 中学号 2015911001 的学生年龄改为 21。

```
UPDATECS_Student
SETSage= 21
WHERE  Sno= '2015911001 ';
```

转换后的语句：

```
UPDATE  Student
SETSage= 21
WHERE Sno= '2015911001 ' AND Sdept= 'CS';
```

(3)数据的删除操作

例 14 删除计算机科学系学生视图 CS_Student 中学号为 2015911010 的元组信息。

```
DELETE
FROMCS_Student
WHERE Sno= '2015911010 ';
```

转换为对基本表的更新：

```
DELETE
FROM Student
WHERE Sno= '2015911010 ' AND Sdept= 'CS';
```

在关系数据库系统 RDBMS 中，并不是所有的视图都是可以更新的，跟视图的查询一样，因为有些视图的更新不能唯一地有意义地转换为对相应基本表的更新。

例 15 仍以例 6 中的 S_G 视图，把学号为 2015911001 的学生的平均成绩改成 90 分。

```
UPDATE  S_G
SETGavg=90
WHERE  Sno= '2015911001';
```

说明：RDBMS 对该视图的更新是无法转换成为对基本表 SC 的更新，因为系统无法修改各科成绩，以使平均成绩为 90 分。所以 S_G 视图是不可更新的。

总之，一般行列子集视图是可更新的。对其他类型视图的更新不同系统有不同限制。

3.6.5 视图的作用

视图最终定义在基本表之上，对视图的一切操作最终也要转换为对基本表的操作。而且对于非行列子集视图进行查询或更新时还可能出现问题。读者可能会问：既然如此，为什么还要定义视图呢？这是因为合理使用视图能够带来许多好处。

● 视图能够简化用户的操作：

可以使用用户将注意力集中在所关心的数据上。

◈ 视图使用户能以多种角度看待同一数据；

◈ 视图对重构数据库提供了一定程度的逻辑独立性；

◈ 视图能够对机密数据提供安全保护；

◈ 适当的利用视图可以更清晰的表达查询。

本章小结

结构化查询语言 SQL，是关系数据库的标准语言。本章讲解了 SQL 的功能与特点，通过学生—课程数据库为实例，重点讲解 SQL 的数据库、基本表和视图等数据的定义，基本表数据的单表查询、多表查询、嵌套查询和集合查询操作，以及数据的插入、删除与更新操作。

最后，讲解了虚表——视图的概念，重点描述了视图的定义、查询和更新操作。

练 习 题

1. 简述 SQL 语言的特点有哪些？

2. SQL 语句有哪些基本功能？对应的相关语句是什么？

3. 什么是视图？视图与基本表之间的区别有哪些？

4. 在 SQL 语句中，where 子句与 Having 子句的功能有哪些区别？

5. 针对第 2 章习题 6，试用 SQL 语句完成等价的查询操作，掌握关系代数表达式与 SQL 语言之间的相互转换。

6. 设有一个关系数据库模型如下：

学生 S(SNO，SNAME，SEX，AGE)

课程 C(CNO，CNAME，PCNO)

选修 SC(SNO，CNO，GRADE)

用 SQL 写出以下小题的查询语句：

(1)将选修 DB 数据库课程的学生学号 SNO，姓名 SNAME 建立视图 SDB；

(2)选修课程 DB 的学生姓名。

第四章　关系数据库规范化理论

如何构造出一个好的关系模式，是数据库逻辑结构设计中的重要问题。本章从一个实例出发，介绍一个不好的关系模式会存在的问题，给出函数依赖和范式的基本概念，最后重点介绍关系数据库规范化的过程。

4.1　问题的提出

在前面的章节中，已经讨论了数据库系统的相关概念，介绍了关系数据库的基本概念、关系模型的三个组成要素、关系代数运算以及关系数据库的标准语言 SQL。但是还有一个基本的问题尚未涉及，针对一个具体的实际问题，应该如何构造一个适合它的数据模式，即应该构造几个关系模式，每个关系由哪些属性组成等。这是数据库设计的问题，确切地讲是关系数据库逻辑设计的问题。

关系数据库的规范化理论，就是数据库逻辑结构设计阶段的主要工具与方法。

4.1.1　基本概念

在举例之前，先来了解一下数据依赖的概念。

所谓数据依赖，是指一个关系内部属性与属性之间的一种约束关系。这种约束关系是通过属性之间值的相等与否体现出来的数据间相关联系。它是现实世界属性间相互联系的抽象，是数据内在的性质，是语义的体现，也就是在第一章中提到的实体内部属性之间的联系。

数据依赖主要包括函数依赖（Functional Dependency，简记为 FD）和多值依赖（Multivalued Dependency，简记为 MVD）。由于函数依赖应用较为广泛，所以本章没有特别说明，均指函数依赖。

4.1.2　实例

假设现在需要设计一个描述学校教务的数据库 SchoolTc，该数据库涉及的对象包括学生的学号（sno）、所在系（sdept）、系主任姓名（Dname）、课程号（cno）、课程名（cname）和成绩（grade），按照关系模式的定义，假设用一个关系模式 SchoolTc 来表示，则该关系模式的属性集合为

$$\mathbf{U}=\{sno,sdept,Dname,cno,cname,grade\}$$

现实世界的语义，如下：

一个系有若干学生，但一个学生只属于一个系；

一个系只有一名系主任正职负责人；

一个学生可以选修多门课程，每门课程有若干学生选修；

每个学生学习每一门课程都有一个成绩。

于是，可以得到属性组 **U** 上的一组函数依赖集合 **F**，如图 4-1 所示。

F={(sno,cno)→grade,sno→sdept,sdept→Dname,cno→cname}

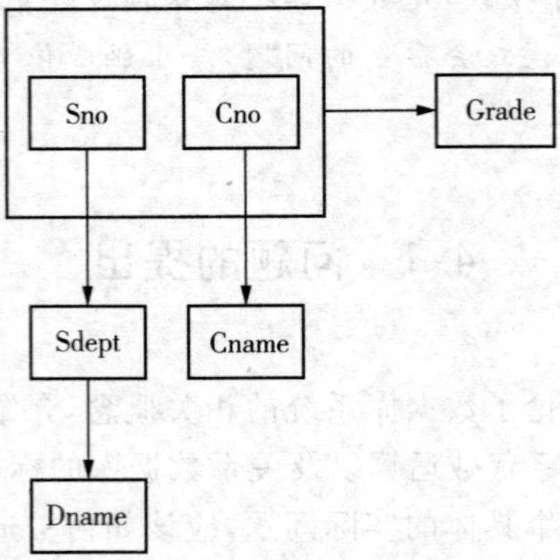

图 4-1　SchoolTc 上的函数依赖

表 4-1 是某一时刻关系模式 SchoolTc 的一个实例，即数据表。

表 4-1　SchoolTc 表

Sno	Sdept	Dname	Cno	Cname	grade
2015911001	计算机科学	李亮	1	C 语言程序	95
2015911002	计算机科学	李亮	1	C 语言程序	90
2015911003	计算机科学	李亮	1	C 语言程序	88
2015911004	计算机科学	李亮	1	C 语言程序	75
2015911005	计算机科学	李亮	1	C 语言程序	70
⋮	⋮	⋮	⋮	⋮	⋮

4.1.2.1　存在的问题

但是，可以发现这个关系模式 SchoolTc 存在以下 4 个问题：

(1)数据冗余度大

比如，学生每选一门课，他本人信息和有关课程信息都要重复一次，这将浪费大量的存储空间。

(2)更新异常

由于数据冗余大，当更新数据库中的数据时，系统需要付出很大的代价来维护数据库的完整性，否则会面临数据库不一致性的危险。比如，当某个系主任更换之后，必须修改与该系学生有关的每一个元组;更新一个人的信息,则要同时更新很多条记录。

(3)插入异常

比如,插入一门课,若没学生选修,则不能把该课程插入表中,因为该关系模式的主码为空,会违背了实体完整性规则。

(4)删除异常

比如,有一门课程只有学号 2015911001 学生选修,如果删除该名学生,就会造成课程的丢失。

鉴于以上种种问题,可以得出这样的结论:

- SchoolTc 关系模式不是一个好的模式。
- "好"的模式:不会发生插入异常、删除异常、更新异常,数据冗余应尽可能少。

4.1.2.2　分析问题

为什么会产生这些问题呢? 主要是由于关系模式中存在着某些函数依赖所引起的 。因此,通过分解关系模式来消除其中不合适的函数依赖。

解决方法,如下:

把这个单一 SchoolTc 关系模式分成 4 个关系模式:

S(Sno,Sdept,Sno → Sdept);

C(cno,cname,cno→cname);

SC(Sno,Cno,Grade,(Sno,Cno)→Grade);

DEPT(Sdept,Mname,Sdept→ Dname)。

这 4 个关系模式都不会发生插入异常、删除异常、更新异常的毛病,数据的冗余也得到了较好的控制。

因此,一个关系模式的函数依赖会有哪些不好的性质,如何改造一个不好的关系模式,这就是关系模式规范化设计理论中研究的重点问题。

4.2　关系规范化理论

关系规范化理论,正是用来改造关系模式,通过分解关系模式来消除其中不合适的数据依赖,以解决插入异常、删除异常、更新异常和数据冗余问题。

通常按照属性间的依赖情况来区分关系规范化的程度,然后直观地描述如何将具有不合适性质的关系转换为更加合适的形式。

首先,需要了解一下相关的基本知识。

4.2.1　基本知识

4.2.1.1　函数依赖(Functional Dependency,FD)

定义 4.1　函数依赖是指一个或一组属性可以(唯一)决定关系模式中的其他属性的值。

用数学的语言描述,如下:

设有关系模式 **R**(U),其中 **U**=$\{A1,A2,\cdots,An\}$是关系的属性全集,X,Y 是 **U** 的属性子

集，若对于任意一个可能的关系 r，r 中不可能存在两个元组在 X 上的属性值相等，而在 Y 上的属性值不等，则称"X 函数确定 Y"或"Y 函数依赖于 X"，记为 $X \to Y$。

可见，函数依赖类似于数学中的函数 $y=f(x)$，当自变量 x 确定之后，相应的函数值 y 也就唯一确定了。比如，$Sname=f(Sno)$，$Sdept=f(Sno)$，记作 $Sno \to Sname$，$Sno \to Sdept$。并且，是指关系模式 **R** 中的所有实例，即关系均要满足这个约束条件。

其实，函数依赖只是数据依赖中的一种，考虑到篇幅的限制，本章主要讨论与函数依赖相关的知识点，关于多值依赖可以参考相关资料或者文献，在此不再多叙。

(1)特点

函数依赖是语义范畴的概念，只能根据语义来确定一个函数依赖。例如，姓名→年龄，这个函数依赖只有在该学校没有同名人的条件下成立。如果允许有同名人，则年龄就不依赖于姓名了。但是数据库的设计者可以对现实世界作强制的规定，假如使得不允许同名人的出现。

(2)符号标记

若 $X \to Y$，则 X 称为这个函数依赖的决定属性组，也称为决定因素(*Determinant*)。

若 $X \to Y$，$Y \to X$，则记作 $X \longleftrightarrow Y$。

若 Y 函数不依赖于 X，则记作 $X \not\to Y$。

(3)分类

函数依赖，可以分为平凡的函数依赖和非平凡的函数依赖两种。

在关系模式 **R(U)** 中，对于 **U** 的子集 **X** 和 **Y**，如果 $\mathbf{X} \to \mathbf{Y}$，但 $\mathbf{Y} \not\subseteq \mathbf{X}$，则称 $\mathbf{X} \to \mathbf{Y}$ 是非平凡的函数依赖。

若 $\mathbf{X} \to \mathbf{Y}$，但 $\mathbf{Y} \subseteq \mathbf{X}$，则称 $\mathbf{X} \to \mathbf{Y}$ 是平凡的函数依赖。

例：在关系 *SC*(*Sno*，*Cno*，*Grade*)中，

非平凡函数依赖：$(Sno, Cno) \to Grade$

平凡函数依赖：$(Sno, Cno) \to Sno$ $(Sno, Cno) \to Cno$

对于任一个关系模式，平凡的函数依赖都是必然成立的，它不反映新的语义。若不特别声明，总是讨论非平凡的函数依赖。

(4)非平凡函数依赖的种类

非平凡的函数依赖，进一步又可以分为完全函数依赖、部分函数依赖和传递函数依赖。

定义 4.2 在关系模式 **R(U)** 中，如果 $\mathbf{X} \to \mathbf{Y}$，并且对于 **X** 的任何一个真子集 **X'**，都有 $\mathbf{X'} \not\to \mathbf{Y}$，则称 **Y** 对 **X**完全函数依赖，记作 $\mathbf{X} \xrightarrow{F} \mathbf{Y}$。

若 $\mathbf{X} \to \mathbf{Y}$，但是对于 **X** 的某个一个真子集 **X'**，存在 $\mathbf{X'} \to \mathbf{Y}$，则称 **Y** 对 **X**部分函数依赖，记作 $\mathbf{X} \xrightarrow{P} Y$。

例 1 判断以下函数依赖的类型。

$(Sno, Cno) \to Grade$ 是完全函数依赖。

说明：因为(Sno,Cno)的真子集 *sno* 或 *cno* 都无法函数决定于 *grade*，所以 $(Sno, Cno) \to Grade$ 为完全函数依赖。

$(Sno, Cno) \to Sdept$ 是部分函数依赖。

说明：因为 *Sno* →*Sdept* 成立，且 *Sno* 是(*Sno*,*Cno*)的真子集，如图 4-2 所示。

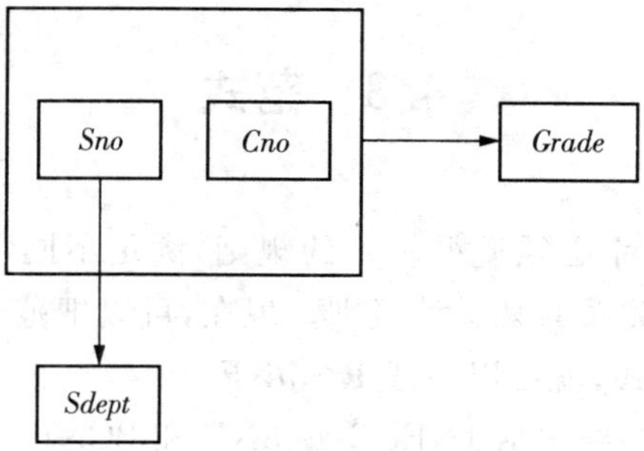

图 4-2　函数依赖关系图

定义 4.3　在关系模式 **R**(**U**)中，如果 **X→Y**，(**Y** $\not\subseteq$ **X**)，**Y**$\not\to$**X**，**Y→Z**，则称 **Z** 对 **X** 传递函数依赖，记为：**X** $\xrightarrow{T}$ Z。

例如，在 4.1 节实例 *SchoolTc* 关系模式中，存在 *Sno* → *Sdept*，*Sdept* → *Mname* 满足传递函数依赖的定义，因此 *Mname* 传递函数依赖于 *Sno*，如图 4-3 所示。

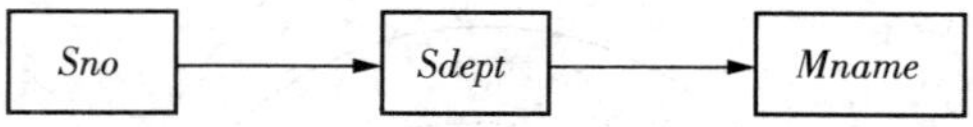

图 4-3　函数依赖关系图

另外，在传递函数依赖定义基础上，如果 **Y→X**，即 **X←→Y**，则 **Z** 直接依赖于 **X**，称为直接函数依赖。

4.2.1.2　关键字

关键字又称为码，是关系模式中的一个重要概念。在第二章中已经给出了有关码的若干定义。这里用函数依赖的概念再来定义码。

定义 4.4　设 **K** 为 **R**<**U**,**F**>中的属性或属性组合。若 **K**→ **U**，则 **K** 称为 **R** 的候选码(Candidate Key)。若候选码多于一个，则选定其中的一个作为主码(Primary Key)。

主属性：包含在任何一个候选码中的属性，称为主属性(Prime attribute)。

非主属性：不包含在任何码中的属性称为非主属性(Nonprime attribute)或非码属性(Non-key attribute)。

全码：在最极端的情况下，整个属性组是码，称为全码(All-key)。

例 2　关系模式 **S**(<u>*Sno*</u>,*Sdept*,*Sage*)，单个属性 *Sno* 是码，

关系模式 **SC**(<u>*Sno*,*Cno*</u>,*Grade*)中，(*Sno*,*Cno*)是码。

例 3　关系模式 **R**(*P*,*W*,*A*)其中，*P*：演奏者，*W*：作品，*A*：听众。现实语义：一个演奏者可以演奏多个作品；某一作品可被多个演奏者演奏；听众可以欣赏不同演奏者的不同作品。

码为(*P*,*W*,*A*)，即全码 *All-Key*。

定义 4.5　关系模式 **R** 中属性或属性组 **X** 并非 **R** 的码，但 **X** 是另一个关系模式的码，则称 **X** 是 **R** 的外部码(*Foreign key*)，也称外码。

例如，在 **SC**(<u>*Sno*,*Cno*</u>,*Grade*)中，*Sno* 不是码，但 *Sno* 是关系模式 *Studnet*(*Sno*,*Sname*,*sex*,*Sage*,*Sdept*)的码，则 *Sno* 是关系模式 *SC* 的外部码。

可见,通过主码 *sno* 与外码 *sno* 一起提供了表示关系 *student* 与 *sc* 之间联系。

4.3 范式

构造关系数据库中的关系必须遵循一定的规则,满足不同特定规则的模式称为不同范式。所谓第几范式,是表示关系的某一种级别。现在,可以把范式定义为符合某一级别关系模式的集合,则 **R** 为第几范式,就可以写成 **R**∈*n*NF。

常用的关系模式范式,主要包括 1NF、2NF、3NF 和 BCNF。至于 4NF 与 5NF 属于多值依赖的范畴,有兴趣的读者可以参考其他文献。

各种范式之间存在的联系,有

$$1NF \supset 2NF \supset 3NF \supset BCNF \supset 4NF \supset 5NF$$

成立,如图 4-4 所示。

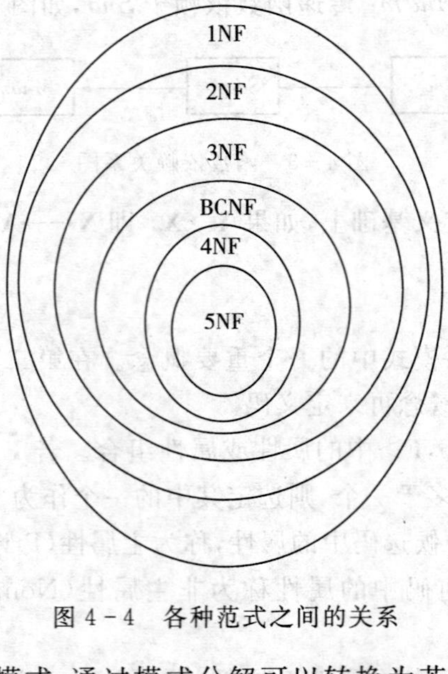

图 4-4 各种范式之间的关系

一个低一级范式的关系模式,通过模式分解可以转换为若干个高一级范式的关系模式的集合,这种过程称为关系规范化(Normalization)。

4.3.1 1NF

定义 4.6 如果一个关系模式 **R** 的每个属性的域都只包含单纯值,而不是一些值的集合或元组,则称关系是第一范式,记为 **R**∈1NF。

另一种定义:如果关系模式 **R** 的每个关系 *r* 的属性值都是不可分的原子值,那么称 R 是 1NF。

通俗地可以理解成为:

关系模式 R 的每个元组的每个属性只含有一个单纯值,即要求属性是原子的。

可见，这就是第一章中给出的关系的基本定义，这也是关系模式的基本要求，条件是最松的，只要不硬把两个属性塞到一个字段中去。如果不满足 1NF，就不是关系模型，更谈不上关系数据库了。

下面列举一个 1NF 关系模型的实例，后面接着讲解如何对它进行规范化，转换为高级范式的过程。

例 4 一个工厂车间考核职工完成生产定额关系模式：

WORKS（日期，工号，姓名，工种，定额，超额，车间，车间主任）

说明：根据现实世界中的语义，因为每个职工每个月超额情况不同，而定额一般很少变动，所以为了识别不同职工以及同一职工的超额情况，设关系模式 WORKS 的主码为（日期，工号）。

根据现实语义，其函数依赖描述如下：

（日期，工号）$\xrightarrow{F}$超额

工号→姓名，（日期，工号）$\xrightarrow{P}$姓名

工号→工种，（日期，工号）$\xrightarrow{P}$工种

工号→车间（日期，工号）$\xrightarrow{P}$车间

工种→定额，（日期，工号）$\xrightarrow{T}$定额

车间→车间主任，（日期，工号）$\xrightarrow{T}$车间主任

分析：非主属性“超额”完全函数依赖于“码”；“姓名”、“工种”和“车间”仅依赖于主码中的“工号”属性，所以为部分函数依赖于码；又“定额”函数依赖于“工种”，故“定额”传递函数依赖于“工号”；“车间主任”依赖于“车间”，因此“车间主任”传递函数依赖于“工号”。

为了能够直观地表示出属性之间的不同函数依赖情况，可以用图示方法进行描述。通常在关系模式的码的下方画一横线，然后用箭头指向函数依赖于它的各个属性。本例图示描述，如图 4-5 所示，同时，函数依赖图，如图 4-6 所示。

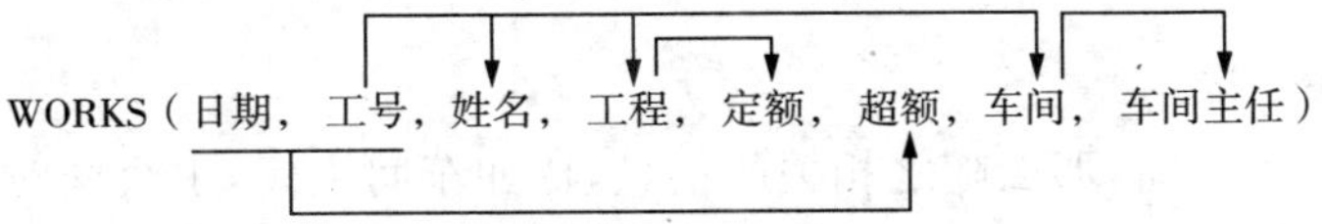

图 4-5 WORKS 关系模式的函数依赖

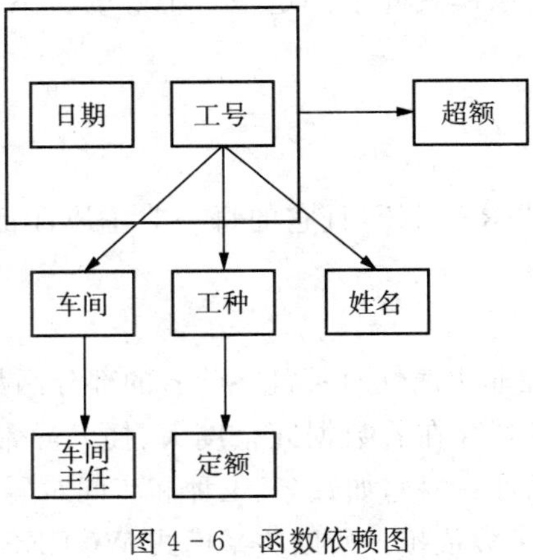

图 4-6 函数依赖图

通过 4.1 节中的知识，可以知道属于 1NF 的 WORKS 关系模式，一般情况下都会存在着数据冗余度大、插入异常、更新异常和删除异常现象。例如，WORKS 关系模式的某一时刻的值，见表 4-2。

表 4-2 WORKS 某一时刻的数据表

日期	工号	姓名	工种	定额	超额	车间	车间主任
20170116	98001	李华	车工	3000	100	车工车间	王名
20170123	98001	李华	车工	3000	100	车工车间	王名
20170115	98002	张平	铣工	3100	100	铣工车间	赵敏
20170122	98002	张平	铣工	3100	100	铣工车间	赵敏
20170118	98003	陈斌	磨工	2800	80	磨工车间	李亮
20170125	98003	陈斌	磨工	3100	80	磨工车间	李亮

从表 4-2 中的数据可以看出，该关系存在着如下问题：

(1)数据冗余度大

存储每一个车间以及车间主任的名字的次数等于职工的人数，即每出现一名员工的信息就必然出现一个车间与车间主任的信息，导致相同数据的重复存储。

(2)插入异常

假如车间主任王名要调磨工车间，那么就需要将原有的信息删除，再在磨工车间主任栏中添加王名。可以想象，一个数据库中的数据量级是非常庞大的，如果出现一点差错，就会产生数据的不一致性。

(3)更新异常

跟插入异常一样，如果某一个元组中的车间主任信息没有被“王名”更新，也将会导致数据的不一致性。

(4)删除异常

假如要删除磨工车间，那么随之相关的信息，比如车间主任，也会同时被删除，从而也会导致数据的不一致性。

因此，满足第一范式的关系模式并不一定是一个好的关系模式。该关系模式需要进一步规范化。

4.3.2 2NF

定义 4.7 如果关系模式 **R**∈1NF，且它的每一非主属性都完全函数依赖于码，则称 R 满足第 2 范式，记为 **R**∈2NF。

通俗地可以理解为：

在关系模式 **R** 中，不存在非主属性对关键字(码)的部分函数依赖。

分析上面的实例，可以发现存在着数据冗余度大、插入异常、更新异常和删除异常现象问题，主要在于有两种非主属性：一种，如姓名、工种和车间对码是部分函数依赖；另一种，如定额和车间主任对码是传递函数依赖。所以关系模式 WORKS 不满足 2NF 的定义。

解决的办法是用投影分解把关系模式 WORKS 分解成为三个关系模式，如图 4－7 所示。

WORKS→ WORKS1＋ WORKS2

WORKS1(日期，工号，超额)　∈2NF

WORKS2(工号，姓名，工种，定额，车间，车间主任)∈2NF

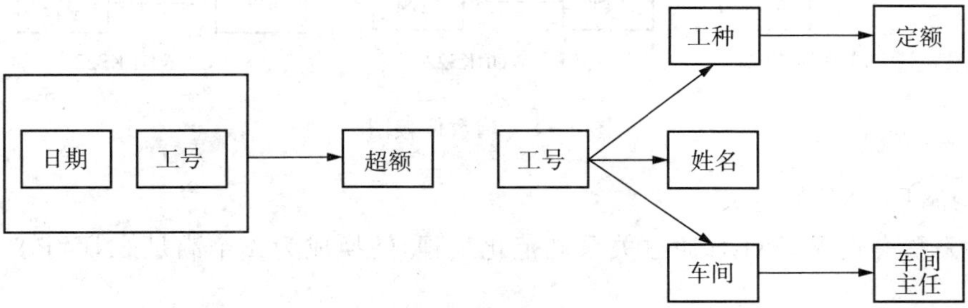

(a) WORKS1　　(b) WORKS2

图 4－7　函数依赖图

关系模式 WORKS1 的码为(日期，工号)，关系模式 WORKS2 的码为“工号”，这样使得非主属性对码都不存在部分函数依赖了。所以两个关系模式均满足 2NF 的定义。

总之，采用投影分解法将一个 1NF 的关系分解为多个 2NF 的关系，可以在一定程度上减轻原 1NF 关系中存在的插入异常、删除异常、数据冗余度大、修改复杂等问题。但是，将一个 1NF 关系分解为多个 2NF 的关系，并不能完全消除关系模式中的各种异常情况和数据冗余。

4.3.3　3NF

定义 4.8　如果 **R**∈2NF，且每一个非主属性不传递函数依赖于码，则称 **R**∈3NF。

通俗地可以理解成为：

若 **R**∈3NF，则每一个非主属性既不部分依赖于码也不传递依赖于码。

继续分析上面的实例，关系模式 WORKS1 满足 3NF 的定义，只存在非主属性“超额”对码的完全函数依赖。但是，关系模式 WORKS2 并不满足 3NF 的定义。因为

工号→工种，工种→定额

工号→车间，车间→车间主任

满足传递函数依赖的定义，也就是说存在非主属性对码“工号”的传递函数依赖。解决的办法是用投影分解把关系模式 WORKS2 分解成为三个关系模式，如图 4－8 所示。

WORKS2→ WORKS21＋ WORKS22＋WORKS23

WORKS21(工号，工种，姓名，车间)∈3NF

WORKS22(工种，定额)∈3NF

WORKS23(车间，车间主任)∈3NF

关系模式 WORKS21 的码为“工号”，关系模式 WORKS22 的码为“工种”，关系模式 WORKS23 的码为“车间”，这样使得非主属性对码都不存在传递函数依赖了。所以这三个

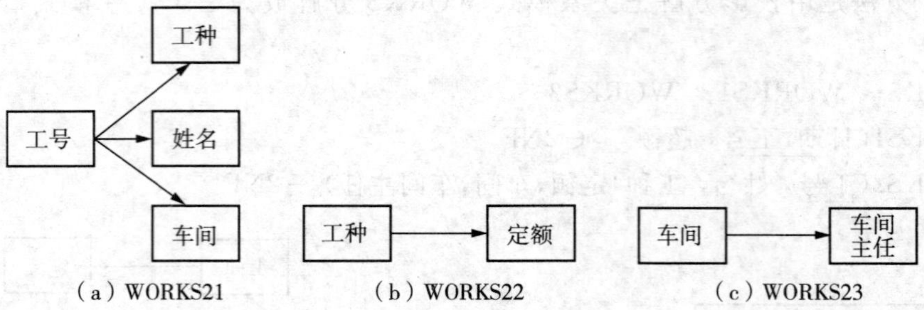

图 4-8 函数依赖图

关系模式均满足 3NF 的定义。

最终,关系模式 WORKS 通过关系规范化工程,转换成为 4 个满足 3NF 定义的关系模式的集合。

同样,采用投影分解法将一个 2NF 的关系分解为多个 3NF 的关系,可以在一定程度上解决原 2NF 关系中存在的插入异常、删除异常、数据冗余度大、修改复杂等问题。将一个 2NF 关系分解为多个 3NF 的关系后,仍然不能完全消除关系模式中的各种异常情况和数据冗余。

一般场景下,一个关系模式如果属性都属于 3NF,那么在函数依赖范畴内,已经实现了彻底的分离,已经消除了各种异常。3NF 的"不彻底性"主要表现在可能存在主属性对码的部分函数依赖和传递函数依赖方面,根据需求,如需消除,可以进一步转换为 BCNF。

思考:关系模式 1NF 到 3NF 存在哪些规律?

4.3.4 BCNF

BCNF(Boyce Codd Normal Form)是由 Boyce 与 Codd 提出的,比 3NF 的定义更进一步,通常认为 BCNF 是修正的第三范式,有时也称为扩充的第三范式。

定义 4.9 关系模式 **R**<**U**,**F**>∈1**NF**,若 **X**→**Y** 且 **Y** ⊆ **X** 时 **X** 必含有码,则 **R**<**U**,**F**>∈BCNF。

通俗地可以理解成为:

在关系模式 **R**<**U**,**F**>中,每一个决定属性因素都包含码。

更加确切地说,BCNF 是在 3NF 的基础之上,更进一步地讨论主属性同码之间的函数依赖关系。

由 BCNF 的定义可以得出以下结论,一个满足 BCNF 的关系模式有以下 3 个特点:

■ (1)所有非主属性对每一个码都是完全函数依赖;

■ (2)所有的主属性对每一个不包含它的码,也是完全函数依赖;

■ (3)没有任何属性完全函数依赖于非码的任何一组属性。

由于 **R**∈BCNF,按照定义与性质 1 排除了任何非主属性对码的部分函数依赖和传递函数依赖,只存在完全函数依赖,所以 **R**∈3NF。但是,若 **R** ∈3NF,则 **R** 未必属于 BCNF,即两者之间是充分非必要条件,如图 4-9 所示。

下面通过几个例子,来说明属于 3NF 的关系模式有的属于 BCNF,有的不属于 BCNF

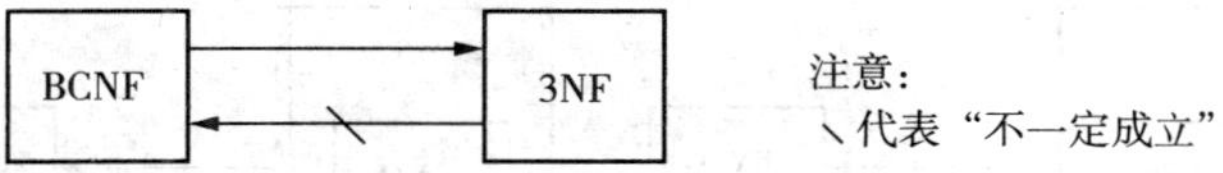

图 4－9　BCNF 与 3NF 之间的关系

的情况。

例 5　关系模式 Course(cno,Cname,cpno)

分析：关系模式 Course 的函数依赖，如下：

$$\mathrm{Cno} \xrightarrow{F} \mathrm{cname}$$

$$\mathrm{Cno} \xrightarrow{F} \mathrm{cpno}$$

可见，该关系模式只有一个码 cno，没有任何非主属性对 cno 部分函数依赖和传递函数依赖，因此，Course∈3NF。同样，每一个决定属性因素都包含码 cno，所以 Course∈BCNF。

例 6　关系模式 S(Sno,Sname,Sdept,Sage)

分析：假设 sname 不重名，那么关系模式 S 的函数依赖，如下：

$\mathrm{Sno} \xrightarrow{F} \mathrm{sname}$　　　　$\mathrm{Sname} \xrightarrow{F} \mathrm{sno}$

$\mathrm{Sno} \xrightarrow{F} \mathrm{sdept}$　　　　$\mathrm{Sname} \xrightarrow{F} \mathrm{sdept}$

$\mathrm{Sno} \xrightarrow{F} \mathrm{sage}$　　　　$\mathrm{Sname} \xrightarrow{F} \mathrm{sage}$

可见，该关系模式有两个码 sno 和 sname，没有其他非主属性对 sno 和 sname 部分函数依赖和传递函数依赖，因此，S∈3NF。同样，每一个决定属性因素都包含码 sno 或 sname，所以 S∈BCNF。

例 7　关系模式 SJP(S,J,P)中，S 表示学生，J 表示课程，P 表示排名。现实语义：每一个学生选修每门课程的成绩有一个排名，每门课程中每一名次只有一个学生(即没有并列名次)。由语义得到函数依赖，如下：

(S,J)→P

(J,P)→S

分析：该关系模式 SJP 有两个码(S,J)和(J,P)，因此 S、J 和 P 均为主属性，显然不存在非主属性对码的部分函数依赖和传递函数依赖，所以关系模式 SJP∈3NF。同样，每一个决定属性因素都包含码，所以 SJP∈BCNF。

例 8　关系模式 STC(SNO,TNO,CNO)，SNO 表示学号，TNO 表示教师编号，CNO 表示课程号。每一个教师只教一门课，每门课有若干教师，某一个学生选定某门课，就对应一个固定教师。由语义可得到函数依赖，如图 4－10 所示。

(SNO,CNO)→TNO

(SNO,TNO)→CNO

TNO→CNO

这里(SNO,CNO)，(SNO,TNO)都是候选关键字。

分析：该关系模式 STC 有两个码 SNO,CNO)和(SNO,TNO)，因此 SNO、CNO 和

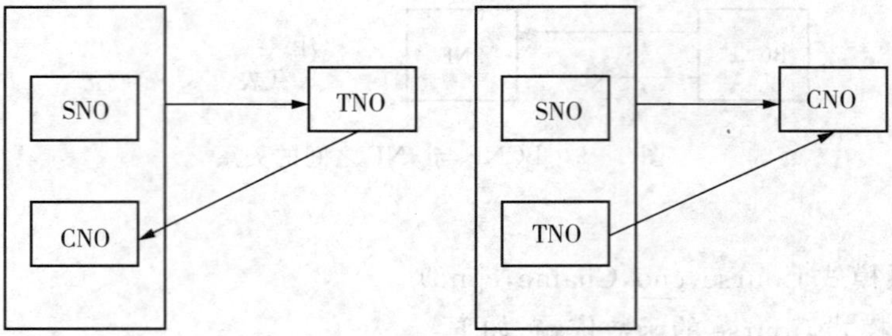

图 4-10 STC 中的函数依赖

TNO 均为主属性，显然不存在非主属性对码的部分函数依赖和传递函数依赖，所以关系模式 STC∈3NF。但是，TNO→CNO 中的决定属性因素 TNO 不是两个码(SNO，CNO)和(SNO，TNO)中的一个，所以 STC 不属于 BCNF。

解决的办法是用投影分解把关系模式 STC 分解成为三个关系模式，如下：

ST(SNO，TNO) ∈BCNF

TC(TNO，CNO) ∈BCNF

4.4 规范化小结

关系数据库的规范化理论，是数据库逻辑设计的工具，其目的是尽量消除插入、删除异常、修改复杂和数据冗余大的问题。

1NF、2NF、3NF 和 BCNF 是在函数依赖的条件下，对模式分解所能达到的分离程度的测量。一般场景下，一个关系模式如果属性都属于 3NF，那么在函数依赖范畴内，已经实现了彻底的分离，已经消除了各种异常。3NF 的"不彻底性"主要表现在可能存在主属性对码的部分函数依赖和传递函数依赖方面，根据需求，如需消除，可以进一步转换为 BCNF。

关系模式规范化的基本步骤，如图 4-11 所示。

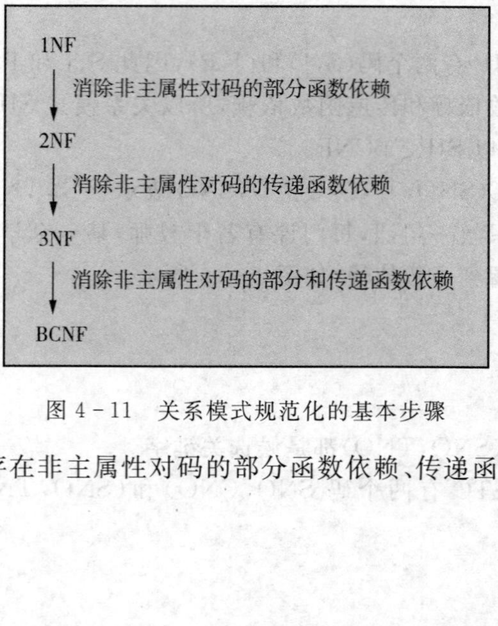

图 4-11 关系模式规范化的基本步骤

1NF 的关系模式中存在非主属性对码的部分函数依赖、传递函数依赖和完全函数依赖。

清除部分函数依赖以后，就转换为 2NF。

2NF 的关系模式中存在非主属性对码的传递函数依赖和完全函数依赖。清除传递函数依赖以后，就转换为 3NF。

3NF 的关系模式中只存在非主属性对码的完全函数依赖。但可能存在主属性对码的部分和传递函数依赖。

本章小结

关系规范化理论，是关系数据库逻辑结构设计的主要工具。本章从一个实际问题作为出发点，引出一般关系模式中常见的数据冗余大、插入异常、删除异常和更新异常等问题，进而提出利用关系规范化理论来解决问题。主要介绍函数依赖的定义、种类和判断，范式、关系规范化的基本概念，以及如何将一个 1NF 的关系模式转换为 3NF、BCNF 的过程。

练 习 题

1. 请解释下列名词的含义。

(1)范式　(2)函数依赖　(3)主码　(4)BCNF

2. 在关系数据库设计过程中，为什么要引入关系规范化理论？请详细说明原因。

3. 在关系模式选课(学号，课程号，成绩)中，"学号→课程号"正确吗？为什么？

4. 设某工厂里有一个记录职工每天日生产量的关系模式：

Record(职工编号，日期，日产量，车间编号，车间主任)

如果规定：

每个职工每天只有一个生产量；

每个职工只能隶属于一个车间；

每个车间只有一个车间主任。

试回答下列问题：

(1)根据上述规定，写出该关系模型 Record 的函数依赖关系和码；

(2)判断该关系模型 Record 属于第几范式？并将其转换为 3NF，说明理由。

5. 设某学校里有一个学生借阅的关系模型：

BR(借书证号，姓名，联系方式，书号，书名，出版社，出版社地址)

请根据现实世界中的语义，完成下列问题：

(1)写出该关系模型 BR 的函数依赖关系和码；

(2)判断该关系模型 BR 属于第几范式？并将其转换为 3NF，说明理由。

6. 认真分析习题 5 和习题 6 的结果，你能够从中可以发现在关系规范化中有什么样的规律可循吗？

第五章　数据库设计

本章讨论数据库设计的方法和设计，重点介绍基于 RDBMS 的关系数据库设计问题。人们在总结信息资源开发、管理和服务的各种手段时，认为最有效的是数据库技术。数据库的应用越来越广泛。从小型的单项事务处理系统到大型复杂的信息系统都用先进的数据库技术来保持系统数据的整体性、完整性和共享性。目前，一个国家的数据库建设规模（指数据库的个数、种类）、数据库信息量的大小和使用频度已成为衡量这个国家信息化程度的重要标志之一。

5.1　数据库设计概念

在数据库领域内，通常把使用数据库的各类信息系统都称为数据库应用系统。例如，以数据库为基础的各种管理信息系统、办公自动化系统、地理信息系统、电子政务系统、电子商务系统等都可以称为数据库应用系统。

5.1.1　数据库设计的定义

什么是数据库设计呢？广义地讲，是数据库及其应用系统设计，即设计整个的数据库应用系统。狭义地讲，是设计数据库本身，即设计数据库的各级模式并建立数据库，这是数据库应用系统设计的一部分。本书的重点是讲解狭义的数据库设计。当然设计一个好的数据库与设计一个好的数据库应用系统是密不可分的。一个好的数据库结构是应用系统的基础。特别在实际的系统开发项目中两者更是密切相关、并行进行的。

下面给出数据库设计的一般定义：

数据库设计是指对于一个给定的应用环境，构造（设计）优化的数据库逻辑模式和物理结构，并据此建立数据库及其应用系统，使之能够有效地存储和管理数据，满足各种用户的应用需求，包括信息管理要求和数据操作要求。

信息管理要求，是指在数据库中应该存储和管理哪些数据对象；数据操作要求，是指对数据对象需要进行哪些操作，如查询、增、删、统计等操作。

数据库设计的目标是为用户和各种应用系统提供一个信息基础设施和高效率的运行环境。高效率的运行环境包括：数据库数据的存储空间的利用率、数据库系统运行管理的效率等都是高的。

5.1.2 数据库设计的特点

大型数据库的设计和开发是一项庞大的工程，是涉及多学科性的综合性技术。数据库建设是指数据库应用系统从设计、实施到运行与维护的全过程。数据库建设和一般的软件系统的设计、开发和运行与维护有许多相同之处，更有其自身的特点。

1. 数据库建设的基本规律

“三分技术，七分管理，十二分基础数据”是指数据库设计的特点之一。

在数据库建设中不仅涉及技术，还涉及管理。要建设好一个数据库应用系统，开发技术固然重要，但是相比之下则管理更加重要。这里的管理不仅仅包括数据库建设作为一个大型的工程项目本身的项目管理，而且包括该企业(即应用部门)的业务管理。

企业的业务管理更加复杂，也更重要，对数据库结构的设计有直接影响。这是因为数据库结构(即数据库模式)是对企业中业务部门的数据以及各个业务部门之间数据联系的描述和抽象。业务部门数据以及各个业务部门之间数据的联系是和各个部门的职能、整个企业的管理模式密切相关的。

人们在数据库建设的长期实践中深刻认识到一个企业数据库建设的过程是企业管理模式的改革和提高的过程。只有把企业的管理创新做好，才能实现技术创新，才能建设好一个数据库应用系统。

“十二分技术基础数据”，则强调了数据的收集、整理、组织和不断更新是数据库建设中的重要环节。人们往往忽视基础数据在数据库建设中的地位和作用。

基础数据的收集、入库是数据库建立初期工作量最大、最烦琐最细致的工作。在以后数据库运行过程中更需要不断地把新的数据加到数据库中，是数据库称为一个“活库”，否则就成为了“死库”。数据库一旦成了“死库”，系统也就失去了应用的价值，原来的投资也就失败了。

2. 结构(数据)设计和行为(处理)设计相结合

数据库设计应该和应用系统设计相结合。也就是说，整个设计过程中要把数据库结构设计和对数据的处理和设计密切结合起来，这是数据库设计的特点之二。

但是，在早期的数据库应用系统开发过程中，常常把数据库设计和应用系统的设计分离开来，如图 5-1 所示。由于数据库设计有它专门的技术和理论，因此需要专门来讲解数据库设计。这并不等于数据库设计和在数据库之上开发应用系统是相互分离的。相反，必须强调设计过程中数据库设计和应用程序设计的密切结合，并把它作为数据库设计的重要特点。

传统的软件工程忽视对应用中数据语义的分析和抽象。例如结构化设计(Structure Design，SD)方法和逐步求精的方法着重于处理过程的特性，只要有可能就尽量推迟数据结构设计的决策。这种方法对于数据库应用系统的设计显然是不妥的。

早期的是数据库设计致力于数据模型和数据库建模方法的研究，着重结构特性的设计而忽视了行为的设计对结构设计的影响，这种方法也是不完善的。

现在则强调在数据库设计中要把结构特性和行为特性结合起来。

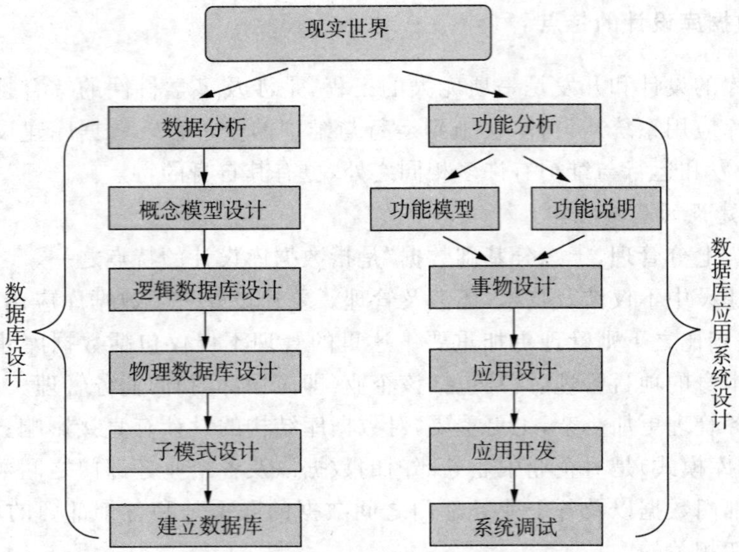

图 5-1　结构和行为分离的设计

5.1.3　数据库设计方法

大型数据库设计是涉及多学科的综合性技术，又是一项庞大的工程项目。它要求从事数据库设计的专业人员具备多方面的技术和知识，主要包括：

- 计算机的基础知识；
- 软件工程的原理和方法；
- 程序设计的方法和技巧；
- 数据库的基本知识；
- 数据库设计技术；
- 应用领域的知识。

这样才能设计出符合具体要求的数据库及其应用系统。

早期数据库设计主要采用手工与经验相结合的方法。设计的质量往往与设计人员的经验与水平有直接关系。数据库设计是一种技艺，缺乏科学理论和工程方法的支持，设计质量难以保证。常常是数据库运行一段时间后又不同程度地发现各种问题，需要进行修改甚至重新设计，增加了系统维护的代价。

为此，人们努力探索，提出了各种数据库设计方法，有以下几种：

- 新奥尔良(New Orleans)方法。

该方法把数据库设计分为若干阶段和步骤，并采用一些辅助手段实现每一过程。它应用软件工程的思想，按一定的设计规程用工程化方法设计数据库。新奥尔良方法数据规范设计法。从本质上看仍然是手工设计方法，基本思想是过程迭代和逐步求精。

- 基于 E—R 模型的数据库设计方法。

该方法用 E—R 模型来设计数据库的概念模型，是数据库概念设计阶段广泛采用的方法。

● 3NF(第三范式)的设计方法。

该方法用关系数据理论为指导来设计数据库的逻辑模型,是设计关系数据库时在逻辑阶段可以采用的一种有效的方法。

● ODL(Object Definition Language)方法。

这是面向对象的数据库设计方法。该方法用面向对象的概念和术语设计来说明数据库结构。ODL 可以描述面向对象数据库结构设计,可以直接转换为面向对象的数据库。

数据库工作者一直在研究和开发数据库设计工具。经过多年的努力,数据库设计工具已经实用化和产品化。例如,Designer 2000 和 Power Designer 分别是 ORACLE 公司和 SYBASE 公司推出的数据库设计工具软件,这些工具软件可以辅助设计人员完成数据库设计过程中的很多任务,已经普遍地用于大型数据库设计之中。

5.1.4 数据库设计的基本步骤

按照规范设计的方法,考虑数据库及其应用系统开发全过程,将数据库设计分为以下 6 个阶段,如图 5-2 所示。

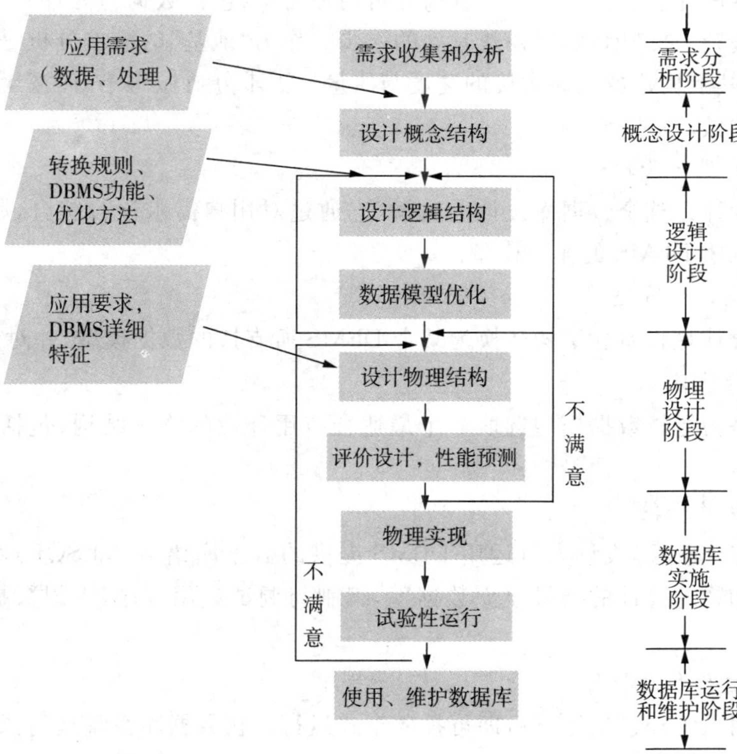

图 5-2 数据库设计步骤

● 需求分析;
● 概念结构设计;
● 逻辑结构设计;
● 物理结构设计;

- 数据库实施;
- 数据库运行和维护。

在设计数据库过程中,需求分析和概念结构设计可以独立于任何数据库管理系统中进行。逻辑结构设计和物理结构设计与选用的 DBMS 密切相关。

数据库设计开始之前,首先必须选定参加设计的人员,包括系统分析人员、数据库设计人员、应用开发人员、数据库管理员和用户代表。系统分析和数据库设计人员是数据库设计的核心人员,他们将自始至终参与数据库设计,他们的水平决定了数据库系统的质量。用户和数据库管理员在数据库设计中也是举足轻重的,他们主要参加需求分析和数据库的运行和维护,他们的积极参与(不仅仅是配合)不但能加速数据库设计,而且也是决定数据库设计质量的重要因素。应用开发人员(包括程序员和操作员)分别负责编制程序和准备硬件环境,他们在系统实施阶段参与进来。

如果所设计的数据库应用系统比较复杂,还应该考虑是否需要使用数据库设计工具以及选用何种工具,以提高数据库设计质量并减少设计工作量。

1. 需求分析阶段

进行数据库设计首先必须准确了解与分析用户需求(包括数据与处理)。需求分析是整个设计过程的基础,是最困难、最耗费时间的一步。作为“地基”的需求分析是否做得充分与准确,决定了在其上构建数据库大厦的速度与质量。需求分析做得不好,甚至会导致整个数据库设计返工重做。

2. 概念结构设计阶段

概念结构设计是整个数据库设计的关键,它通过对用户需求进行综合、归纳与抽象,形成一个独立于具体 DBMS 的概念模型。

3. 逻辑结构设计阶段

逻辑结构设计是将概念结构转换为某个 DBMS 所支持的数据模型,并对其进行优化。

4. 物理设计阶段

物理设计是为逻辑数据模型选取一个最适合应用环境的物理结构(包括存储结构和存取方法)。

5. 数据库实施阶段

在数据库实施阶段,设计人员运用 DBMS 提供的数据库语言(如 SQL)及其宿主语言,根据逻辑设计和物理设计的结果建立数据库,编制与调试应用程序,组织数据库人库,并进行试运行。

6. 数据库运行和维护阶段

数据库应用系统经过试运行后即可投入正式运行。在数据库系统运行过程中必须不断地对其进行评价、调整与修改。

设计一个完善的数据库应用系统是不可能一蹴而就的,它往往是上述 6 个阶段的不断反复。

需要指出的是,这个设计阶段步骤即是数据库设计的过程,也包括了数据库应用系统的设计过程。在设计过程中把数据库的设计和对数据库中数据处理的设计紧密结合起来,将这两个方面的需求分析、抽象、设计、实现在各个阶段同时进行,相互参照,相互补充,以完善两方面的设计。事实上，如果不了解应用环境对数据的处理要求，或没有考虑如何去实现这些处理要求，是不可能设计一个良好的数据库结构的。按照这个原则，设计过程各个阶段的设计描述，可用表 5－1 概括地给出。

表 5－1 的有关处理特性的设计描述中，其设计原理、采用的设计方法、工具等在软件工程和信息系统设计的课程中有详细介绍，这里不再讨论。这里主要讨论关于数据特性的描述以及如何在整个设计过程中参照处理特性的设计来完善数据库模型设计等问题。

表 5－1　数据库设计各个阶段设计描述

设计阶段	设计描述	
	数　据	处　理
需求分析	数据字典、全系统数据项、数据流、数据存储的描述	数据流图和判定表（判定树）、数据字典中处理过程的描述
概念结构设计	概念模型（E－R 图） 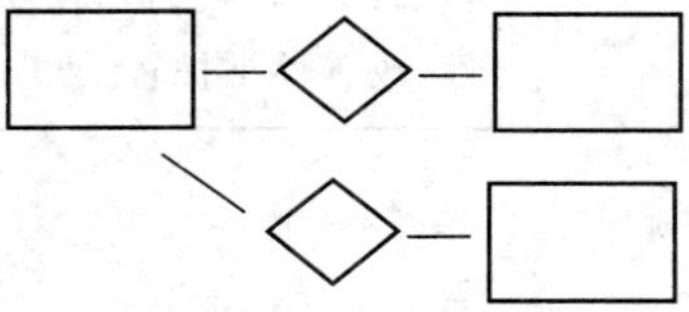 数据字典	系统说明包括： （1）新系统要求、方案和概念图； （2）反映新系统信息流的数据流图 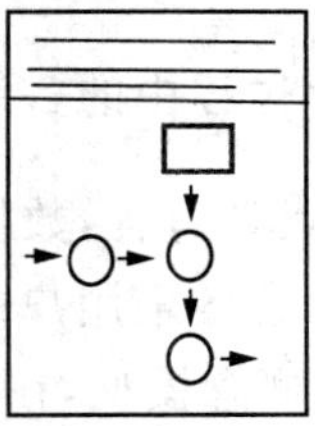
概念结构设计	某种数据模型 关系　　非关系 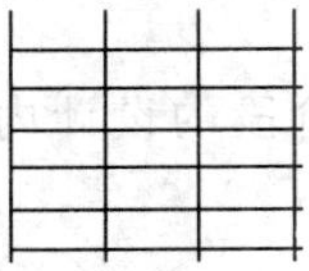 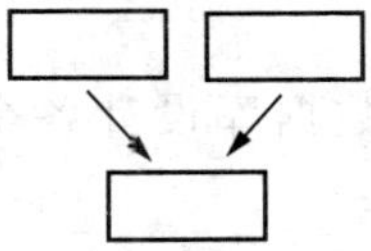	系统结构图 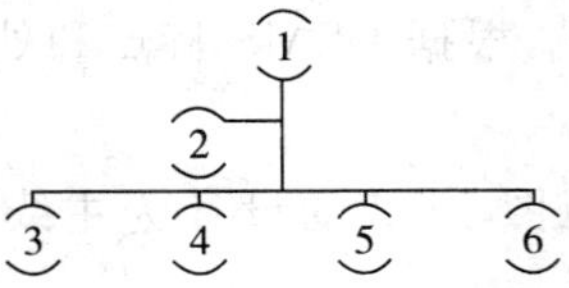 （模块结构）
物理设计	存储安排 方法选择 存取路径建立 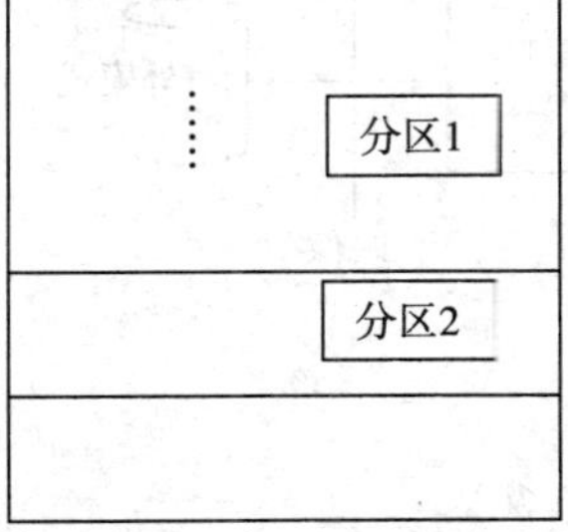	模块设计 IPO 表 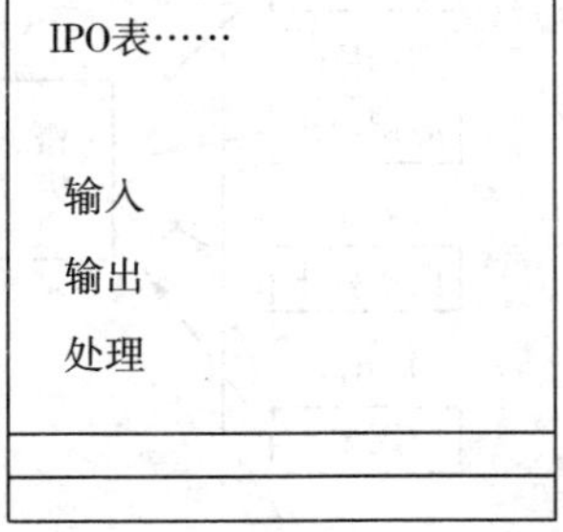

（续表）

设计阶段	设计描述	
	数 据	处 理
数据库实施阶段	编写模式 装入数据 数据库试运行 Create… … Load……	程序编码 编译联结 Main （ ） …… if…… then ……… End
数据库运行和维护	性能监测、转储/恢复 数据库重组和重构	新旧系统转换、运行、维护（修正性、适应性、改善性维护）

5.1.5 数据库设计过程中的各级模式

按照5.1.4小节的设计过程，数据库设计的不同阶段形成数据库的各级模式，如图5-3所示。需求分析阶段，综合各个用户的应用需求；在概念设计阶段形成独立于机器特点，独立于各个DBMS产品的概念模型，在本篇中就是E－R图；在逻辑设计阶段将E－R图转换成具体的数据库产品支持的数据模型，如关系模型，形成数据库模式；然后，根据用户处理的要求、安全性的考虑，在基本表的基础上再建立必要的视图（View），形成数据的外模式；在物理设计阶段，根据DBMS特点和处理的需要，进行物理存储安排，建立索引，形成数据库内模式。

下面就以图5-2的设计为主线，讨论数据库设计各个阶段的设计内容、设计方法和工具。

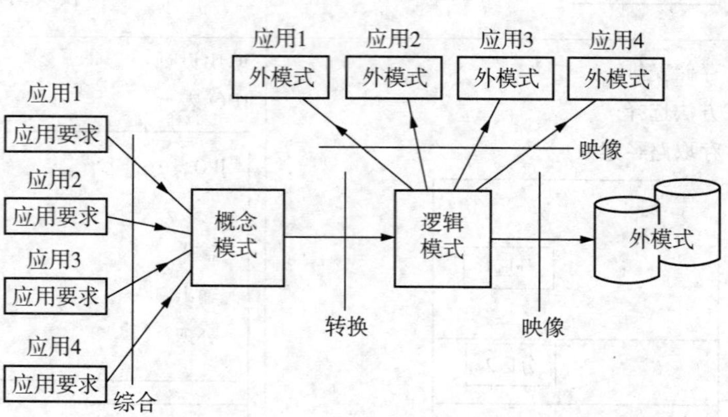

图5-3 数据库的各级模式

5.2　需求分析

简单地说，需求分析就是分析用户的要求。需求分析是设计数据库的起点，需求分析的结果是否准确地反映了用户的实际需求，将直接影响后面各个阶段的设计，并影响设计结果是否合理和实用。

5.2.1　需求分析的任务

需求分析的任务是通过详细调查现实世界要处理的对象(组织、部门、企业等)充分了解原系统(手工系统或计算机系统)工作概况，明确用户的各种需求，然后在此基础上确立新系统的功能。新系统必须充分考虑今后的扩充和改变，不能仅仅按当前应用需求来设计数据库。

调查的重点是“数据”和“处理”，通过调查、收集与分析，获得用户对数据库如下要求：

(1)信息要求。指用户需要从数据库中获得信息的内容与性质。有信息要求可以导出数据要求，即在数据库中需要存储哪些数据。

(2)处理要求。指用户要完成什么处理功能，对处理的响应时间有什么需求，处理方式批处理还是联机处理。

(3)安全性与完整性要求。

确定用户的最终需求是一件很困难的事，这是因为一方面用户缺少计算机知识开始时无法确定计算机究竟能为自己做点什么，不能做什么，因此往往不能准确地表达自己的需求，所提出的需求往往不断地变化。另一方面，设计人员缺少用户的专业知识，不易理解用户的真正需求，甚至误解用户的需求。因此设计人员必须不断深入地与用户交流，才能逐步确定用户的实际需求。

5.2.2　需求分析的方法

进行需求分析首先是调查清楚用户的实际需求，与用户达成共识，然后分析与表达这些需求。

调查用户需求的具体步骤是：

(1)调查组织机构情况。包括了解该组织的机构部门组成情况、各部门的职责等，为分析信息流程做准备。

(2)调查各部门的业务活动情况。包括了解各个部门输入和使用什么数据，如何加工处理这些数据，输出什么信息，输出到什么部门，输出结果的程序是什么，这是调查的重点。

(3)在熟悉了业务活动的基础上，协助用户明确对新系统的各种要求，包括信息要求、处理要求、安全性与完整性要求，这是调查的又一重点。

(4)确定新系统的边界。对前面调查的结果进行初步分析，确定哪些功能有计算机完成或将来由计算机完成，哪些活动由人工完成。由计算机完成的功能就是新系统应该实现的功能。

在调查过程中，可以根据不同的问题和条件，使用不同的调查方法。常用的调查方法有：

(1)跟班作业。通过亲身参加业务工作来了解业务活动的情况。

(2)开调查会。通过与用户座谈来了解业务活动情况及用户需求。

(3)请专人介绍。

(4)询问。对某些调查中的问题，可以找专人询问。

(5)设计调查表请用户填写。如果调查表设计得合理，这种方法是很有效的。

(6)查阅记录。查阅与原系统有关的数据记录。

做需求调查时往往需要同时采用上述多种方法。但无论采用何种调查方法，都必须有用户的积极参与和配合

调查了解了用户需求以后，还需要进一步分析和表达用户的需求。在众多的分析方法中结构化分析(Structured Analysis，SA) 方法是一种简单实用的方法。SA 方法从最上层的系统组织机构人手，采用自顶向下、逐层分解的方式分析系统。SA 方法把任何一个都抽象为如图 5－4 所示的形式。

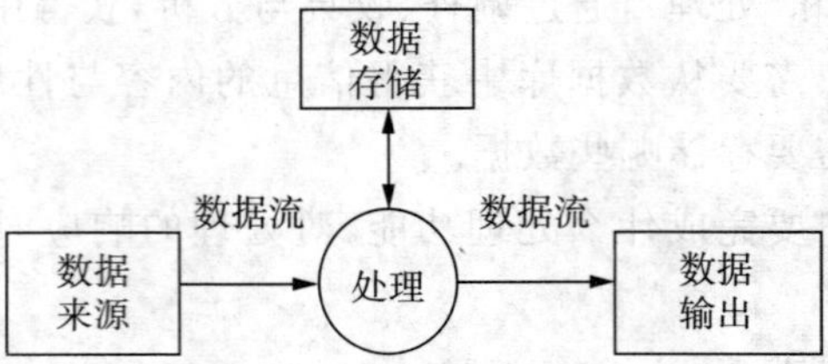

图 5－4　系统高层抽象图

图 5－4 给出的只是最高层次抽象的系统概貌，要反映最详细的内容，可将处理功能分解为若干子功能，每个子功能还可以继续分解，直到把系统工作过程表示清楚为止。在处理功能逐步分解的同时，它们所用的数据也逐级分解，形成若干层次的数据流图。

数据流图(Date Flow Diagram，DFD)，表达了数据和处理过程的关系。一般用正方形或正方体表示数据的源点或终点；用圆形或圆角矩形表示数据处理；用开口矩形表示数据存储；用箭头表述数据的流向。

对用户需求进行分析与表达后，必须提交给用户，征得用户的认可。图 5－5 描述了需求分析过程。

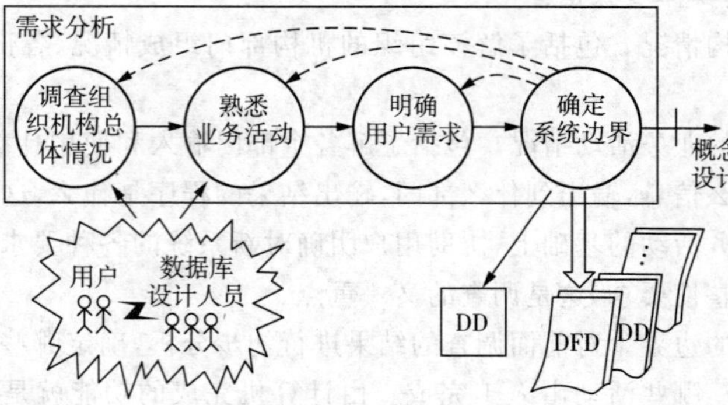

图 5－5　需求分析过程

5.2.3 数据字典 example

数据流图表达了数据和处理的关系，数据字典则是系统中各类数据描述的集合，是进行详细的数据收集和数据分析所获得的主要成果。数据字典在数据库设计中占有很重要的地位。

数据字典通常包括数据项、数据结构、数据流、数据存储和处理过程5个部分。其中，数据项是数据的最小组成单位，若干个数据项可以组成一个数据结构、数据字典通过对数据项和数据结构的定义来描述数据流、数据存储的逻辑内容。

1. 数据项

数据项是不可再分的数据单位。对数据项的描述通常包括以下内容：

数据项描述＝{数据项名，数据项含义说明，别名，数据类型，长度，取值范围，取值含义，与其他数据项的逻辑关系，数据项之间的联系}。

其中，“取值范围”、“与其他数据项的逻辑关系”（例如，改数据项等于另几个数据项的和，该数据项值等于另一数据项的值等）定义了数据的完整性约束条件，是设计数据检验功能的依据。

可以用关系规范化理论为指导，用数据依赖的概念分析和表示数据项之间的联系。即按实际语义，写出每个数据项之间的数据依赖，它们是数据库逻辑设计阶段数据模型优化的依据。

2. 数据结构

数据结构反映了数据之间的组合关系。一个数据结构可以由若干个数据项组成，也可以由若干个数据结构组成，或由若干个数据项和数据结构混合组成。对数据结构的描述通常包括以下内容：

数据结构描述＝{数据结构名，含义说明，组成：{数据项或数据结构}}

3. 数据流

数据流是数据结构在系统内传输的路径。对数据流的描述通常包括以下内容：

数据流描述＝{数据流名，说明，数据流来源，数据流去向，组成：{数据结构，平均流量，高峰期流量}}

其中，“数据流来源”是说明改数据流来自哪个过程；”数据流去向“是说明该数据将到哪个过程去；”平均流量”是指在单位时间（每天、每周、每月等）丽的传输次数；“高峰期流量“则是指在高峰时期的数据流量。

4. 数据存储

数据存储是数据结构停留或保存的地方，也是数据流的来源和去向之一。它可以是手工文档或手工凭单，也可以是计算机文档。对数据存储的描述通常包括以下内容：

数据存储描述＝{数据存储名，说明，编号，输入的数据流，输出的数据流，组成；数据结构，数据量，存取频度，存取方式}。

其中，“存取频度”指每小时或每天或每周存取几次、每次存取多少数据等信息；“存取方式”包括是批处理还是联机处理、是检索还是更新、是顺序检索还是随机检索等；另外，“输入的数据流”要住处其来源；“输出的数据流”要指出其去向。

5. 处理过程

处理过程的具体处理逻辑一般用判定表或判定树来描述。数据字典中指需要描述处理过程的说明性信息，通常包括以下内容：

处理过程描述＝{处理过程名，说明，输入；数据流输出数据流处理简要说明}。

其中，"简要说明"中主要说明该处理过程的功能及处理要求。功能是指该处理过程用来做什么(而不是怎么做)，处理要求包括吃力频度要求，如单位时间里处理多少事务、多少数据量、响应时间要求等。这些处理要求是后面物理设计的输入及性能评价的标准。

可见，数据字典是关于数据库数据的描述，即元数据，而不是数据本身。

数据字典是在需求分析阶段建立，在数据库设计过程中不断修改、充实、完善的。

明确的把需求收集和分析作为数据库设计的第一阶段是十分重要的。这一阶段收集到的基础数据(用数据字典来表达)和一组数据流程图(Date Flow Diagram，DFD)是下一步进行概念设计的基础。

最后，要强调两点：

(1)需求分析阶段的一个重要而困难的任务是收集将来应用所涉及的数据，设计人员应充分考虑到可能的扩充和改变，是设计易于更改，系统易于扩充，这是第一点。

(2)必须强调用户的参与，这是数据库应用系统设计的特点。数据库应用系统和广泛的用户有密切的联系，许多人要使用数据库。数据库的设计和建立又可能对更多人的工作环境产生重要影响因此用户的参与是数据库设计不可分割的一部分。在数据分析阶段，任何调查研究没有用户的积极参与是寸步难行的。设计人员应该和用户取得共同的语言，帮助不熟悉计算机的用户建立数据库环境下的共同概念，并对设计工作的最后结果承担共同的责任。

5.3 概念结构设计

将需求分析得到的用户需求抽象为信息结构，即概念模型的过程就是概念结构设计。它是整个数据库设计的关键。

5.3.1 概念结构

在需求分析阶段，所得到的应用需求应该首先抽象为信息世界的结构，才能更好地、更准确地用某一 DBMS 实现这些需求。

概念结构的主要特点有以下四点：

(1)能真实、充分地反映现实世界，包括事物和事物之间的联系，能满足用户对数据的处理要求，是对现实世界的一个真实模型；

(2)易于理解，从而可以用它和不熟悉计算机的用户交换意见，用户的积极参与是数据库设计成功的关键；

(3)易于更改，当应用环境和应用要求改变是，容易对概念模型修改和扩充；

(4)易于向关系、网状、层次等各种数据模型转换。

概念结构是各种数据模型的共同基础，它比数据模型更独立于机器、更抽象，从而更加稳定。

描述概念模型的有力工具是 E－R 模型。有关 E－R 模型的基础概念已经在第一章介绍。下面将用 E－R 模型来描述概念结构。

5.3.2　概念结构设计的方法与步骤

设计概念结构，通常有四类方法，分别介绍如下：

● 自顶向下

即首先定义全局概念的框架，然后逐步细化，如图 5－6 所示。

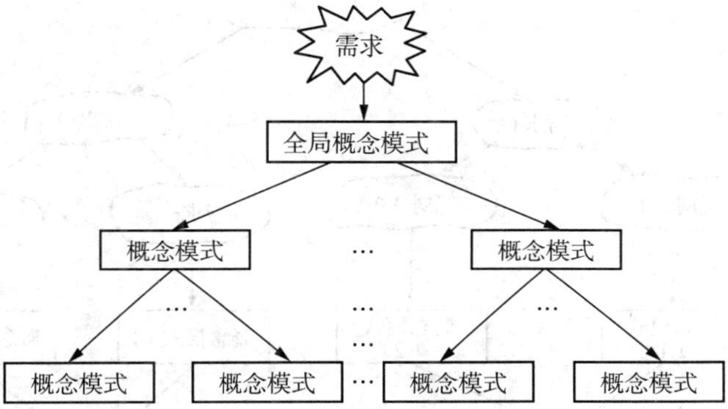

图 5－6　自顶向下策略

● 自顶向上

即首先定义各局部应用的概念结构，然后将它们集成起来，得来全局概念结构，如图 5－7 所示。

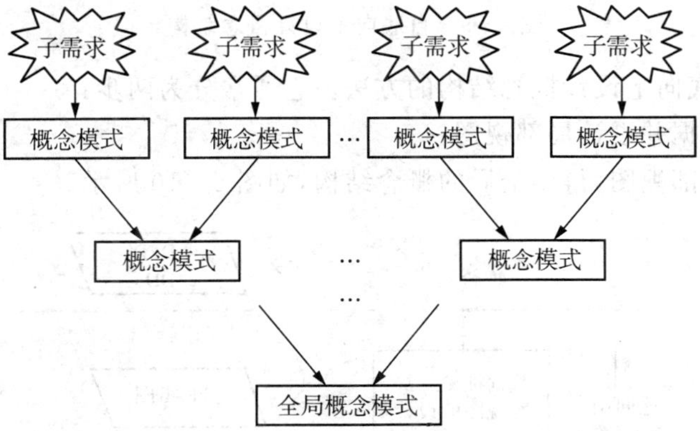

图 5－7　自顶向上策略

● 逐步扩张

首先定义最重要的核心概念结构，然后向外扩充，以滚雪球的方式逐步生成其他概念结构，直至总体概念结构，如图 5－8 所示。

● 混合策略。即将自顶向下和自顶向上相结合，用自顶向下策略设计一个全局概念结构的框架，以它为骨架集成由自底向上地设计概念结构。

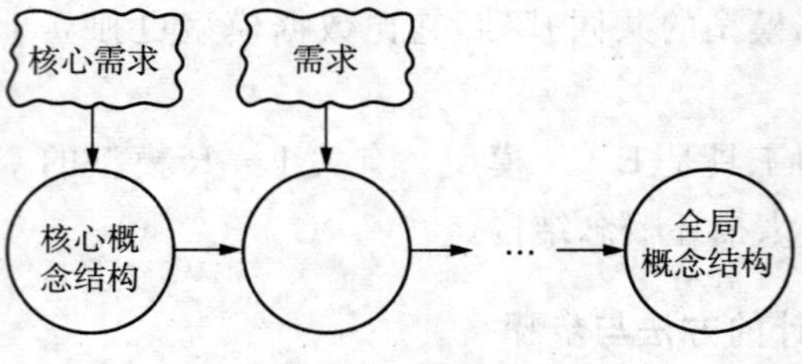

图 5-8 逐步扩张策略

其中,最经常采用的策略是自底向上方法,即自顶向下地进行需求分析,然后再自底向上地设计概念结构,如图 5-9 所示。

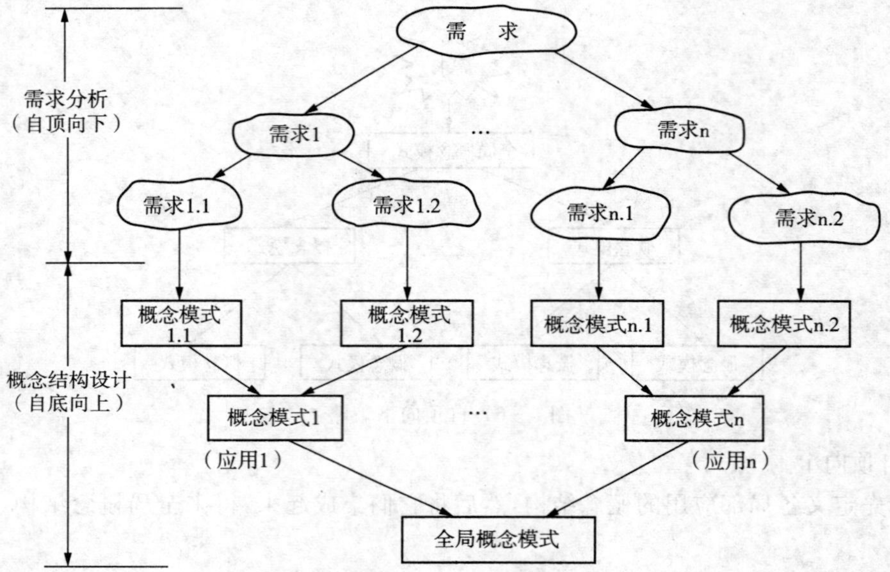

图 5-9 自底向上设计概念结构

这里只介绍自底向上设计概念结构的方法。它通常分为两步:

第一步,抽象数据并设计局部视图;

第二步,集成局部视图,得到全局的概念结构,如图 5-10 所示。

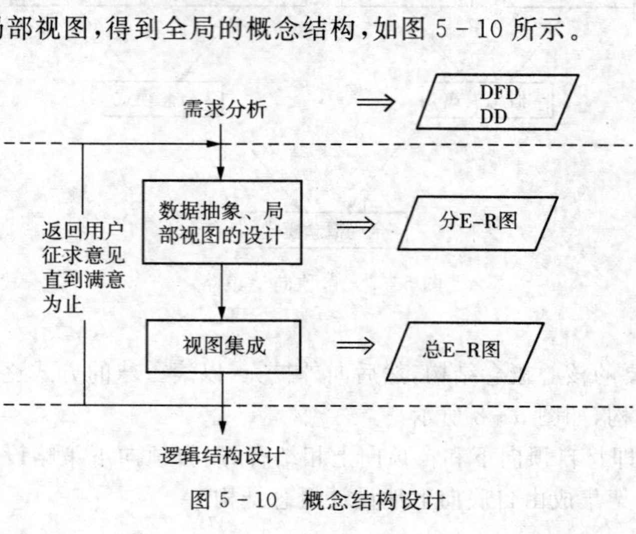

图 5-10 概念结构设计

5.3.3 数据抽象与局部视图设计

5.3.3.1 数据抽象

概念结构,是对现实世界的一种抽象。所谓抽象是对实际的人、物、事和概念进行认为处事,抽取所关心的共同特性,忽略非本质的细节,并把这些特征用各种概念精确地加以描述,这些概念组成了某种模型。

一般有三种抽象,如下:

1. 分类(Classification)

定义某一类概念作为实现世界中一组对象的类型。这些对象具有某些共同的特征和行为。它抽象了对象值和型之间的"is member of"的语义。在E—R模型中,实体型就是这种抽象,例如,在学校环境中,张英是学生,如图5-11所示,表示张英是学生中的一员,具有学生们共同的特征和行为;在某个班学习某种专业,选修某些课程。

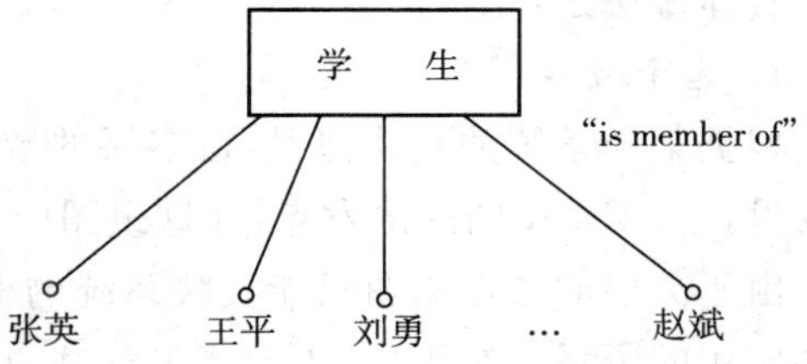

图5-11 分类

2. 聚集(Aggregation)

定义某一类型的组成成分。它抽象了对象内部类型和成分之间"is part of"的语义。在E—R模型中若干属性的聚集组成了实体型,就是这种抽象,如图5-12所示。

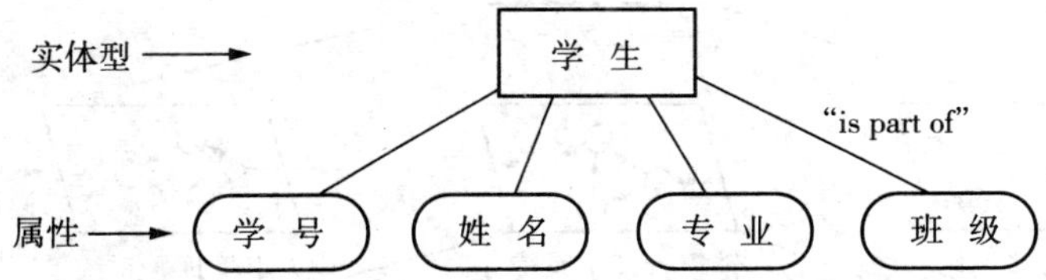

图5-12 聚集

更复杂的聚集,如图5-13所示,即某一类型的成分是一个聚集。

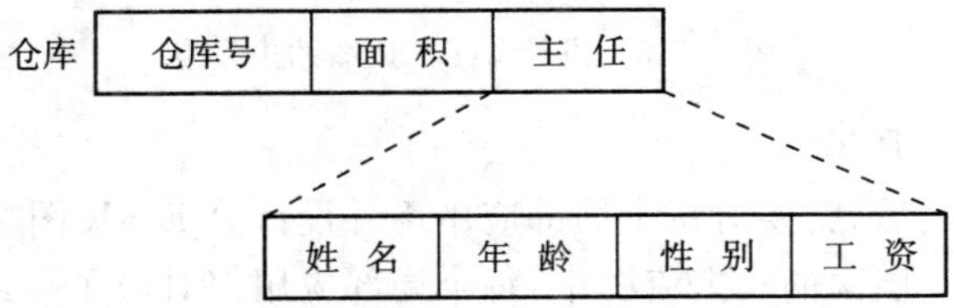

图5-13 更复杂的聚集

3. 概括(Generalization)

定义类型之间的一种子集联系。它抽象了类型之间的"is subset of"。例如,学生是一个实体型,本科生、研究生称为学生的子类(Subclass)。

原E—R模型不具有概括,本书对E—R模型作了扩充,允许定义超类实体型和子类实体型。并用双竖边的矩形框表示子类,用直线家小圆圈表示超类一子类的联系,如图5-14所示。

概括有一很重要的性质:继承性。子类继承超类上的所有抽象。这样,本科生、研究生继承了学生类型的属性。当然,子类可以增加自己的某些特殊属性。

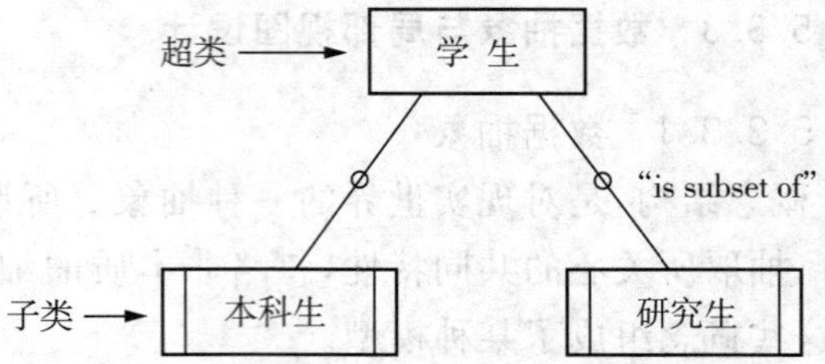

图 5-14　概括

5.3.3.2　局部 E-R 图设计

概念结构设计的第一步就是利用上面介绍的抽象机制对需求分析阶段收集的数据进行分类、组织(聚集),形成实体、实体的属性,标识实体的码,确定实体之间的联系类型(1∶1,1∶n,m∶n),设计分 E-R 图。

具体做法是:

1. 选择局部应用

根据某个系统的具体情况,在多层的数据流图 DFD 中选择一个适合层次的数据流图,作为设计分 E-R 图的出发点,让这组图中每一部分对应一个局部应用。

由于高层的数据流图只能反映系统的概貌,而中层的数据流图能较好地反映系统中各局部应用的子系系统组成,因此人们往往以中层数据流图作为设计分 E-R 图的依据,如图 5-15 所示。

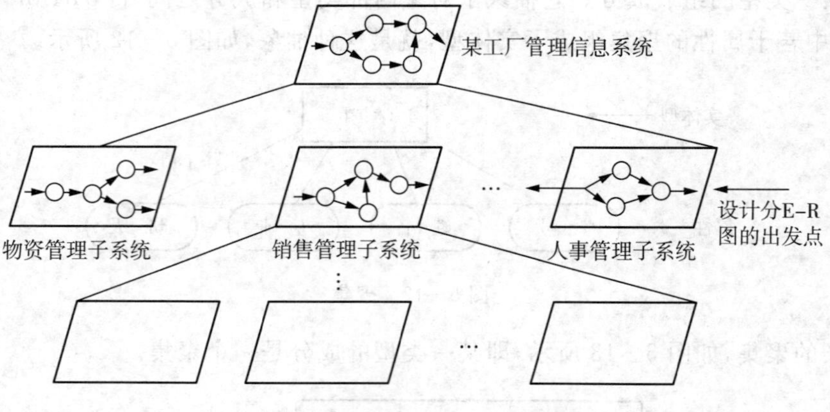

图 5-15　设计分 E-R 图的出发点

2. 逐一设计分 E-R 图

选择好局部应用之后,就要对每个局部应用逐一设计分 E-R 图。

在前面选择的某一层次的数据流图中,每个局部应用都对应了一组数据流图,局部应用涉及的数据都已经收集在数据字典中了。现在就是要将这些数据从数据字典中抽取出来,参照数据流图,标定局部应用中的实体、实体的属性、标识实体的码,确定实体之间的联系及其类型。

事实上,在现实世界中具体的应用环境常常对实体和属性已经作了大体的自然地划分。在数据字典中,"数据结构"、"数据流"和"数据存储"都是若干属性有意义的聚合,就体现了这种划分。可以先从这些内容出发来定义 E-R 图,然后在进行必要的调整。在调整中遵循的一条原则是:

为了简化 E-R 图的处置,现实世界的事物能作为属性对待的,尽量作为属性对待。

那么符合什么条件的事物可以作为属性对待呢？本来，实体与属性之间并没有形式上可以截然划分的界限，但可以给出两条准则：

(1)作为“属性”，不难再具有需要描述的性质。“属性”必须是不可分的数据项，不能包含其他属性。

(2)“属性”不能与其他实体具有联系，即 E—R 图中所表示的联系是实体之间的联系。

凡满足上述两条准则的事物，一般均可作为属性对待。

例 1　职工是一个实体，职工号、姓名、年龄是职工的属性，职称如果没有与工资、福利挂钩，换句话说，没有需要进一步描述的特征，则根据准则(1)可以作为职工实体的属性；但如果不同的职称有不同的工资、住房标准和不同的附加福利，则职称作为一个实体看待就更恰当，如图 5－16 所示。

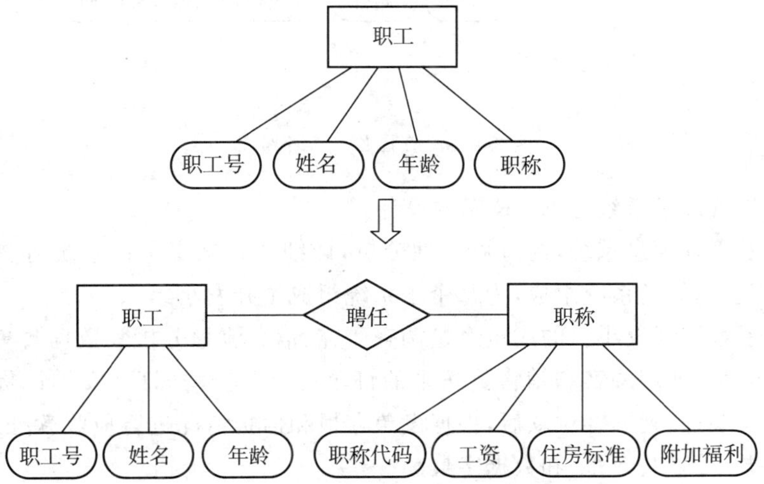

图 5－16　职称作为一个实体

例 2　在医院里，一个病人只能住在一个病房，病房号可以作为病人实体的一个属性；但如果病房还要与医生实体发生联系，即一个医生负责几个病房的病人的医疗工作，则病房根据准则(2)应作为一个实体，如图 5－17 所示。

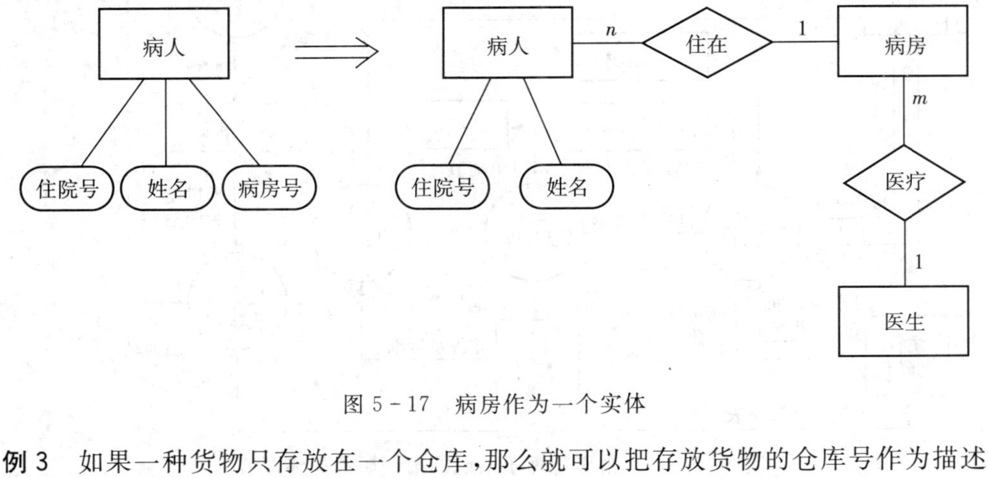

图 5－17　病房作为一个实体

例 3　如果一种货物只存放在一个仓库，那么就可以把存放货物的仓库号作为描述货物存放地点的属性，但如果一种货物可以存放在多个仓库中，或者仓库本身又用面积作为属性，或者与职工发生管理上的联系，那么就应吧仓库作为一个实体，如图 5－18 所示。

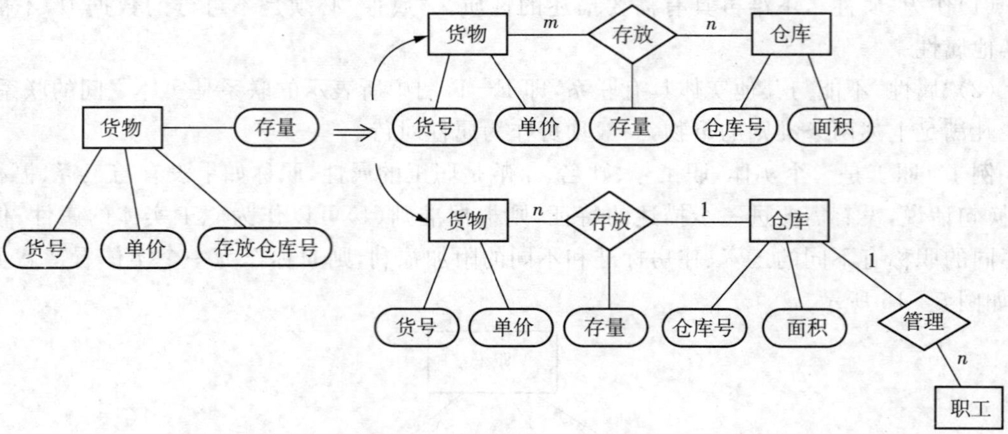

图 5－18　仓库作为一个实体

【实例】销售管理子系统分 E－R 图的设计。

某工厂开发管理信息系统，经过可行性分析，详细调查确定了该系统有物资管理、销售管理、劳动人事管理等子系统组成，为每个子系统组成了开发小组。

销售管理子系统开发小组的成员经过调查研究、信息流程分析和数据收集，明确了该子系统的主要功能是：处理顾客和销售员送来的订单；工厂是根据订货安排订货生产的；交出货物同时开出发票；收到顾客付款后，根据发票存根和信贷情况进行应收款处理。得到了该子系统二层数据流图（共 5 张）和数据字典。

图 5－19 是第一层数据流图。虚线部分划出了系统边界。图中把系统功能又分为 4 个子系统。图 5－20——图 5－23 是第二层数据流图。

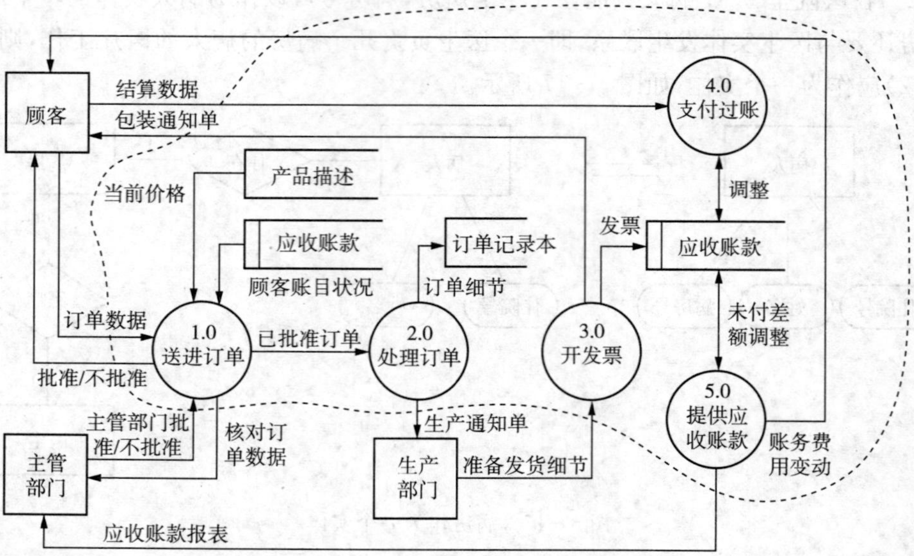

图 5－19　销售管理子系统的第一层数据流图

由于该子系统不太复杂，设计分 E－R 图可以从图 5－19 第一层数据流图入手。若某一局部应用仍比较复杂，则可以从更下层的数据流图入手。例如，从图 5－20——图 5－23 开始，分别设计它们的分 E－R 图，再汇总成该局部应用的分 E－R 图。

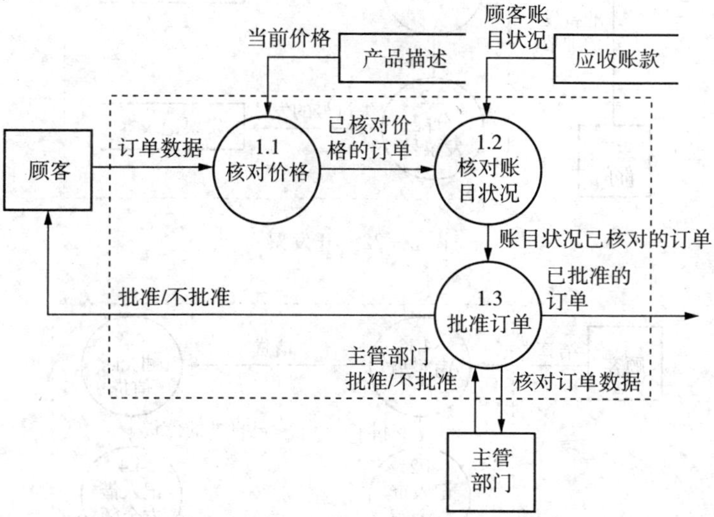

图 5－20　接收订单

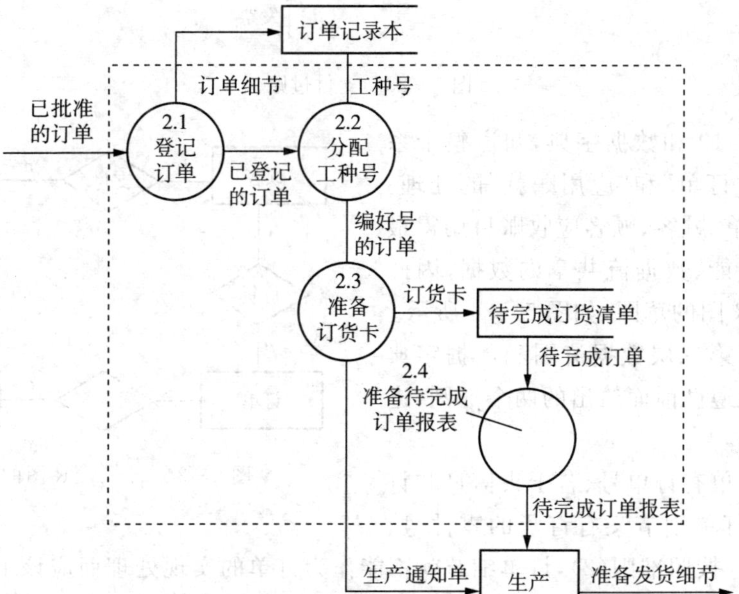

图 5－21　处理订单

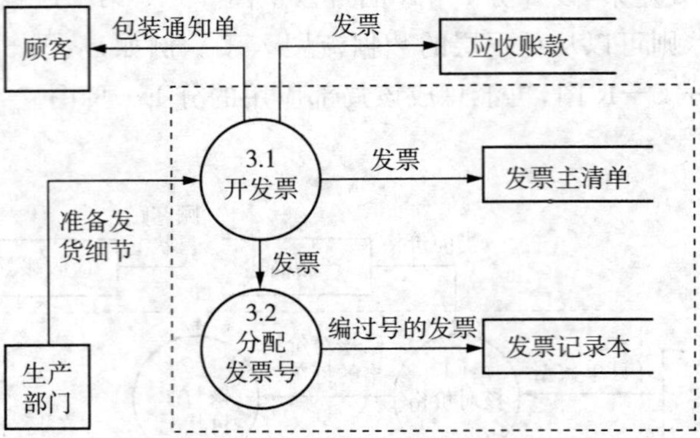

图 5-22　开发票

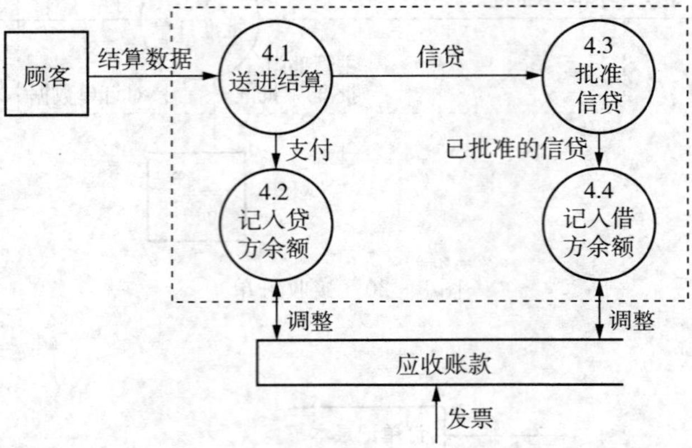

图 5-23　支付过账

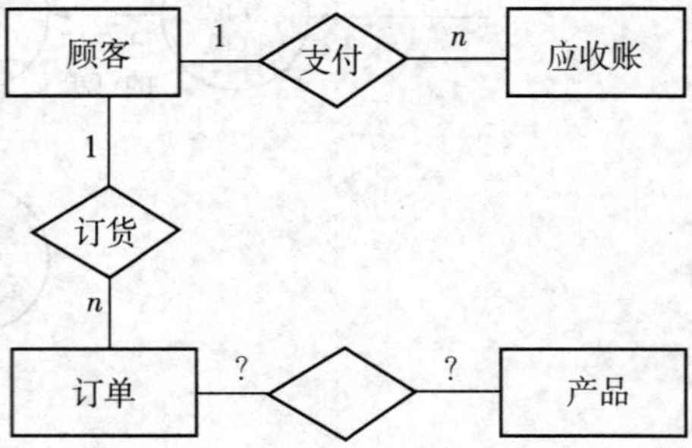

图 5-24　分 E-R 图的草图

分析图 5-19 和数据字典，知道整个系统功能围绕着“订单”和“应用账款”的处理。数据结构中订单、顾客、顾客应收账目用得最多，是许多子功能、数据流共享的数据，因此先设计分 E-R 图的草图，如图 5-24 所示。

然后，参照第二层数据流图和数据字典中的详细描述，遵循前面给出的两个准则，进行了如下调整：

(1)每张订单有订单号、若干头信息和订单细节组成。订单细节又有订货的零件号、数量等来描述。按照准则(2)，订单细节就不能作为订单的实现处理而应该上升为实体。一张订单可以订若干产品，所以订单与订单细节两个实体之间是 1∶n 的关系。

(2)原定单和产品的联系实际上是订单细节和产品的联系。每条订货细节对应一个产品描述，订单处理时从中获得当前单价、产品重量等信息。

(3)图 5-21 中“发票主清单”是一个数据存储，是否应作为实体加入分 E-R 图呢？答案是不必的。这里的数据存储对应手工凭证，发票上的信息在开具发票同时以及时存入应收账款中了。

(4)工厂对大宗订货给予优惠。每种产品都规定了不同订货数量的折扣，应增加一个“折扣规则”实体存放这些信息，而不应把它们放在产品描述实体中。

最后，得到分 E－R 图如图 5-25 所示。

对每个实体定义的属性如下：

顾客：{顾客号，顾客名，地址，电话，信贷状况，账目余额}

订单：{订单号，顾客号，订货项数，订货日期，交货日期，工种号，生产地点}

订单细则：{订单号，细则号，零件号，订货数，金额}

应收账款：{顾客号，订单号，发票号，应收金额，，支付日期，支付金额，当前余额，货款限额}

产品描述：{产品号，产品名，单价，重量}

折扣规则：{产品号，订货量，折扣}

(注意：为了节省篇幅，实体与属性的关系没有用图形表示，实体的码用下划线画出)。

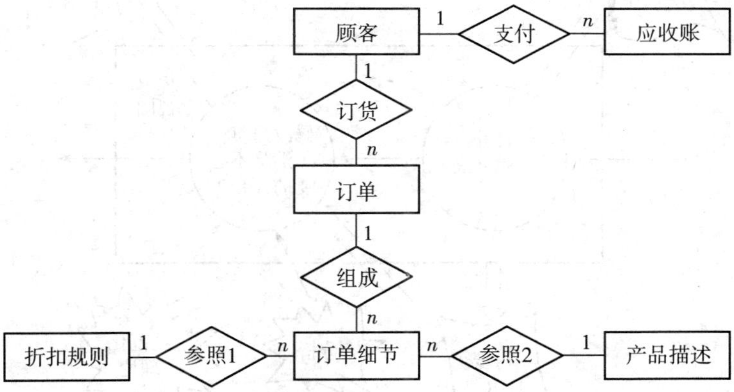

图 5-25　销售管理子系统的分 E－R 图

5.3.4　E－R 图的集成

各子系统的分 E－R 图设计好以后，下一步就是将所有的分 E－R 图综合成一个系统的总体 E－R 图。一般来说，E－R 图集成看可以有两种方式：

● 多个分 E－R 图一次集成，如图 5-26 所示。

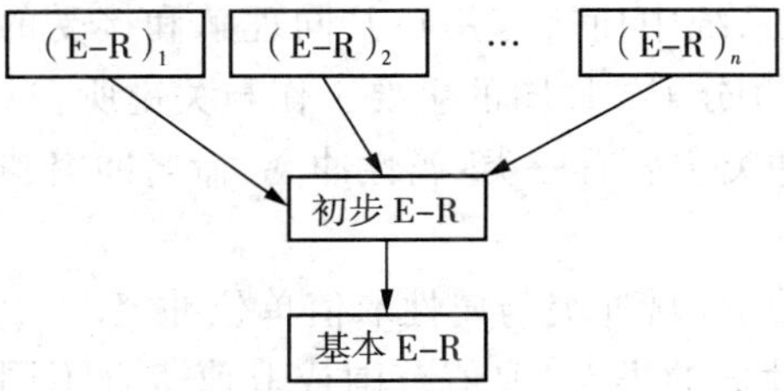

图 5-26　一次集成

● 逐步集成,用累加的方式一次集成两个分 E-R 图,如图 5-27 所示。

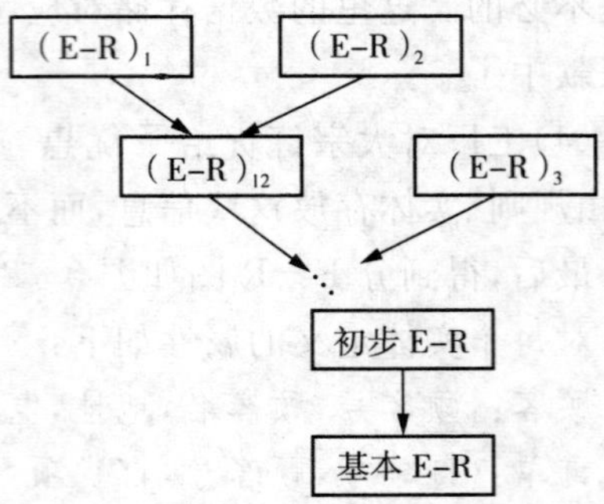

图 5-27　逐步集成

第一种方法比较复杂,做起来难度比较大,通常用于局部视图比较简单时。第二种方法每次只集成两个分 E-R 图,可以降低复杂度。

无论采用哪种方式,每次集成局部 E-R 图时都需要分两步走,如图 5-28 所示。

(1)合并

解决各分 E-R 图之间的冲突,将各分 E-R 图合并起来生成初步 E-R 图。

(2)修改和重构

消除不必要的冗余,生成基本 E-R 图。

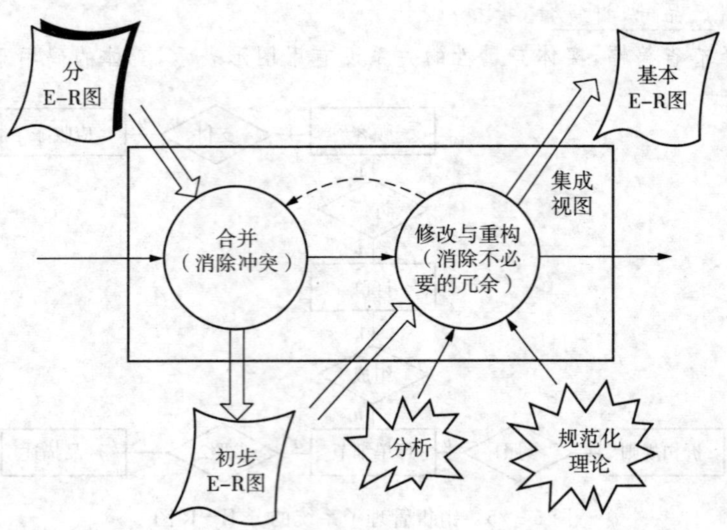

图 5-28　E-R 图的集成步骤

一、合并分 E-R 图,生成初步 E-R 图

各个局部应用所面向的问题不同,且通常是由不同的设计人员进行局部视图设计,这就是导致各个分 E-R 图之间必定会存在许多不一致的地方,称之为冲突。因此,合并分 E-R 图时,并不能简单地将各个分 E-R 图画到一起,而是必须着力消除各个分 E-R 图中的不一致,以形成一个能为全系统中使所有用户共同理解和接受的同一概念模型。合理消除各分 E-R 图的冲突,是合并分 E-R 图的主要工作与关键所在。

各分 E-R 图之间的冲突主要有三类:属性冲突、命名冲突和结构冲突。

1. 属性冲突

属性冲突,又可以分为属性域冲突与属性取值单位冲突。

(1)属性域冲突,即属性值的类型、取值范围或取值集合不同。例如,零件号,有的部门把它定义为整数,有的部门把它定义为字符型。不同的部门对零件号的编码也不同。又如,年龄,某些部门以出生日期形式表示职工的年龄,而另一些部门用整数表示职工的年龄。

(2)属性取值单位冲突。例如,零件的重量有的以公斤为单位,有的以斤为单位,有的以克为单位。

属性冲突理论上好解决,但实际上需要各部门讨论协商,解决起来并非易事。

2. 命名冲突

命名冲突,又可以分为同名异义与异名同义。

(1)同名异义,即不同意义的对象在不同的局部应用中具有相同的名字。

(2)异名同义(一义多名),即同一意义的对象在不同的局部应用中具有不同的名字。

如对科研项目,财务科称为项目,科研处称为课题,生产管理处称为工程。

命名冲突可能发生在实体、联系一级上,也可能发生在属性一级上。其中,属性的命名冲突更为常见。处理命名冲突通常也像处理属性冲突一样,通过讨论、协商等行政手段加以解决。

3. 结构冲突

(1)同一对象在不同应用中具有不同的抽象。例如,职工在某一局部应用中被当作实体,而在另一局部应用中则被当作属性。

解决方法:通常把属性变换为实体或把实体变换为属性,使同一对象具有相同的抽象。但变换时仍要遵守 5.3.3 节中讲述的两个准则。

(2)同一实体在不同分 E－R 图中所包含的属性个数和属性排列次序不完全相同。

这是很常见的一类冲突,原因是不同的局部应用关心的是该实体的不同侧面。解决方法:使该实体的属性取各分 E－R 图中属性的并集,再适当调整属性的次序。

(3)实体间的联系在不同的分 E－R 图中为不同的类型,例如,实体 E1 与实体 E2 在一个分 E－R 图中是多对多联系——“供应”,这两个联系互相不能包含,在合并两个分 E－R 图时就应该把它们综合起来,如图 5－29 所示。

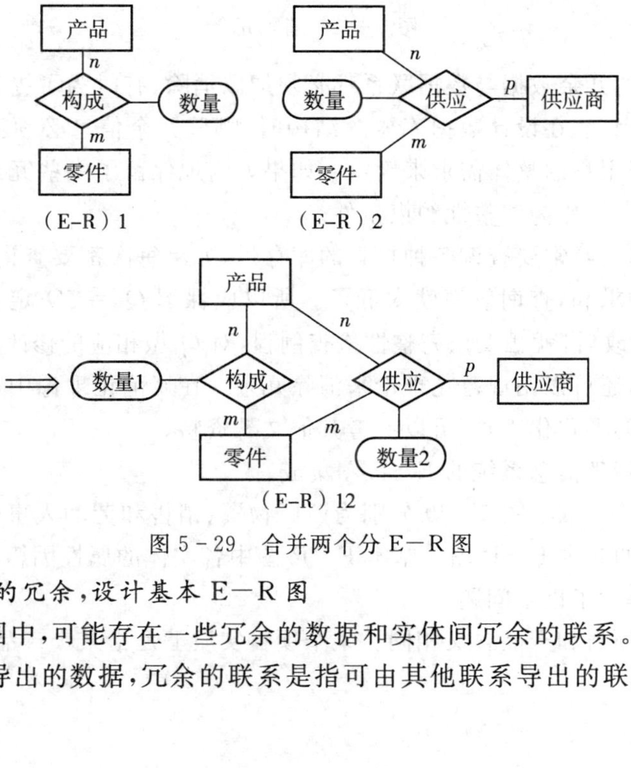

图 5－29 合并两个分 E－R 图

4. 消除不必要的冗余,设计基本 E－R 图

在初步 E－R 图中,可能存在一些冗余的数据和实体间冗余的联系。所谓冗余的数据,是指可由基本数据导出的数据,冗余的联系是指可由其他联系导出的联系。冗余数据和冗

余联系容易破坏数据库的完整性，给数据库维护增加困难，应当予以消除。消除了冗余后的初步 E—R 图称为基本 E—R 图，如图 5－30 所示。

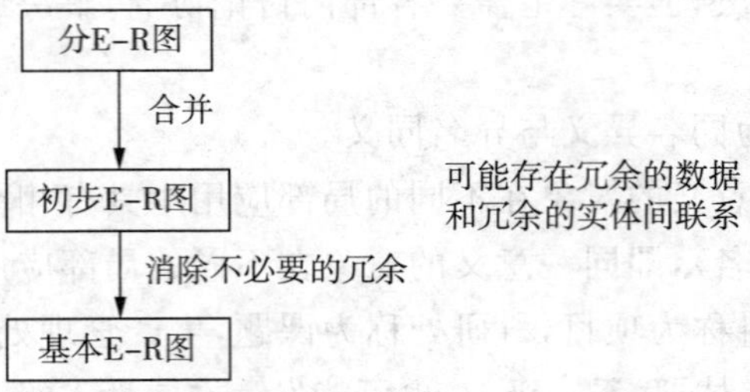

图 5－30　基本 E—R 图的设计步骤

消除冗余主要采用分析方法，即以数据字典和数据流图为依据，根据数据字典中关于数据项之间逻辑关系的说明来消除冗余。如图 5－31 所示，$Q_3=Q_1\times Q_2$，$Q_4=\Sigma Q_5$，所以 Q_3 和 Q_4 是冗余数据，可以消去。并且由于 Q_3 消去，产品与材料间 $m:n$ 的冗余联系也应消去。

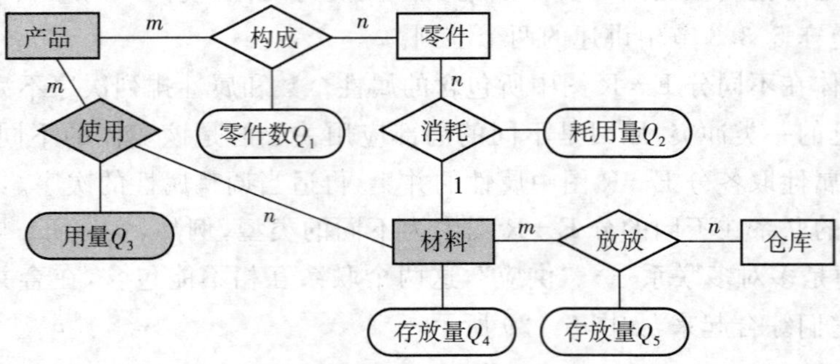

图 5－31　消除冗余

但并不是所有的冗余数据与数据联系都必须加以消除，有时为了提高效率，不得不以冗余信息作为代价。因此，在设计数据库概念结构时，哪些冗余信息必须消除，哪些冗余信息允许存在，需要根据用户的整体需求来确定。如果人为地保留了一些冗余数据，则应把数据字典中数据关联的说明作为完整性约束条件。

例如，若物种部门经常要查询各种材料的库存量，如果每次都要查询每个仓库中此种材料的库存，再对它们求和，查询效率就太低了。所以应保留 $Q_4=\Sigma Q_5$ 定义为 Q_4 的完整性约束条件。每当 Q_5 修改后，就触发该完整性检查例程，对 Q_4 做相应的修改。

除分析方法外，还可以用规范化理论来消除冗余。在规范化理论中，函数依赖的概念提供了消除冗余联系的形式化工具，可以参考其他文献资料。

【实例】某工厂管理信息系统的 E—R 图集成。

图 5－14(b)、图 5－25、图 5－29 分别为该厂物资、销售和劳动人事管理的分 E—R 图。图 5－32 为该系统的基本 E—R 图。基本 E—R 图中各实体的属性因篇幅有限这里从略。

集成过程中，解决了以下问题：

(1)异名同义，项目和产品含义相同。某个项目实质上是指某个产品。统一用产品做实体名。

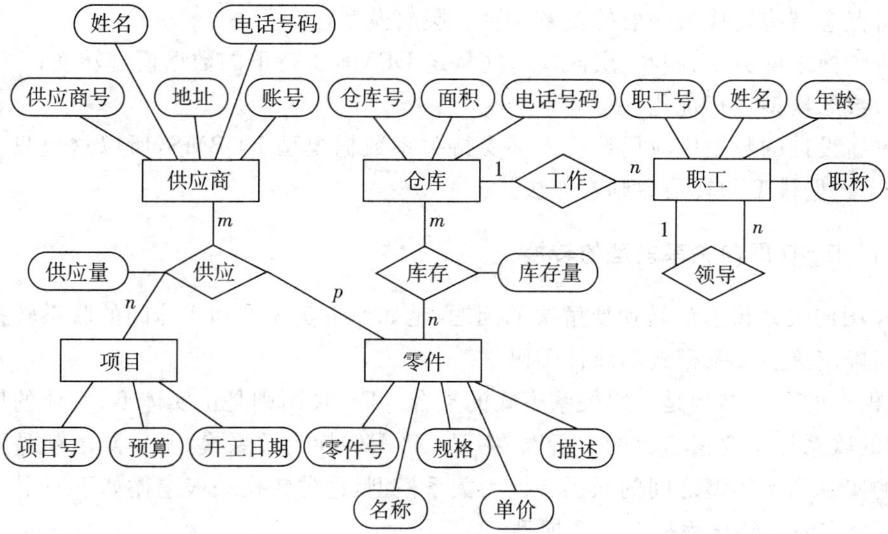

图 5－32　工厂物资管理的基本 E－R 图

(2)库存管理中职工与仓库的工作关系已包含在劳动人事管理的部门与职工之间的联系之中,所以可以取消。职工之间领导与被领导关系可由部门与职工(经理)之间的领导关系、部门与职工之间的从属关系两者导出,所以也可以取消。

5.4　逻辑结构设计

概念结构是独立于任何一种数据模型的信息结构。逻辑结构设计的任务,就是把概念结构设计阶段设计好的基本 E－R 图转换为与选用 DBMS 产品所支持的数据模型相符合的逻辑结构。

从理论上讲,设计逻辑结构应该选择最适于相应概念结构的数据模型,然后对支持这种数据模型的各种 DBMS 进行比较,从中选出最适合的 DBMS。但事实情况往往是已给定了某种 DBMS,设计人员没有选择的余地。目前,DBMS 产品一般支持关系、网状、层次三种模型中的某一种。对某一种数据模型、各种机器系统又有许多不同的限制,提供不同的环境与工具。所以设计逻辑结构时一般要分 3 步进行,如图 5－33 所示。

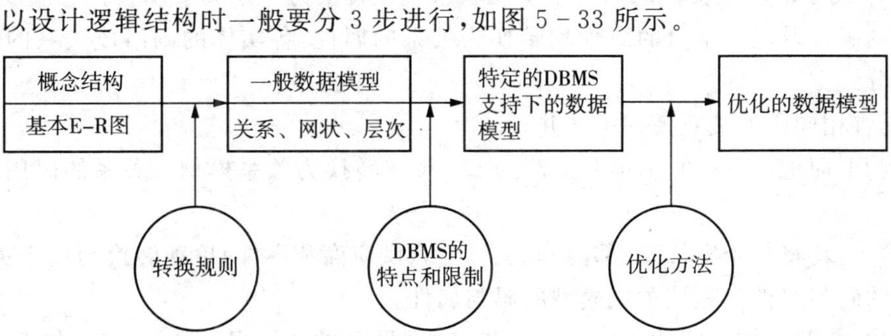

图 5－33　逻辑结构设计的三个基本步骤

(1)将概念结构转换为一般的关系、网状、层次模型；

(2)将转换来的关系、网状、层次模型向特定 DBMS 支持下的数据模型转换；

(3)对数据模型进行优化。

目前，新设计的数据库应用系统大都支持关系数据模型 RDBMS，所以这里只介绍 E－R 图向关系数据模型的转换原则与方法。

5.4.1 E－R 图向关系模型的转换

E－R 图向关系模型的转换要解决的问题，是如何将实体型和实体间的联系转换为关系模式，如何确定这些关系模式的属性和码。

关系模型的逻辑结构是一组关系模式的集合。E－R 图则是由实体型、实体的属性和实体型之间的联系三个要素组成的。所以，将 E－R 图转换为关系模型，实际上就是要将实体型、实体的属性和实体型之间的联系转换为关系模型，这种转换一般遵循如下原则：

- 一个实体型转化为一个关系模型。
- 实体的属性就是关系的属性，实体的码就是关系的码。

对于实体型间的联系，则有以下不同的情况：

(1)一个 1∶1 联系可以转换为一个独立的关系模型，也可以与任意一端对应的关系模式合并。如果转换为一个独立的关系模式，则与该联系相连的各实体的码以及联系本身的属性均转换为关系的属性，每个实体的码均是该关系的候选码。如果与某一端实体对应的关系模式合并，则需要在该关系模式的属性中加入另一个关系模式的码和联系本身的属性。通常采用后者，即将其中一方关系的码作为外码，添加到另一方关系中，实现两个关系模型之间的联系。

(2)一个 1∶n 联系可以转换为一个独立的关系模式，也可以与 n 端对应的关系模式合并如果转换为一个独立的关系模式，则与该联系相连的各实体的码以及联系本身的属性均转换为关系的属性，而关系的码为 n 端实体的码。通常采用后者，即将“1”方关系的码作为外码，添加到“n”方关系中，实现两个关系模型之间的联系。

(3)一个 m∶n 联系关系可以转换为一个关系模式。与该联系相连的实体的码以及联系本身的属性均转换为关系的属性，各实体的码组成关系的码或关系码的一部分。即单独为“联系”建立一个关系模型，其码分别来自“m”与“n”方关系的码以及相关属性。

(4)3 个或 3 个以上实体间的一个多元联系可以转换为一个关系模型。与该多元联系相连的实体的码以及联系本身的属性均转换为关系的属性，各实体的码组成关系的码或关系码的一部分。

(5)具有相同码的关系模式可合并。

[**实例**]下面把图 5－30 中虚线上部的 E－R 图转换为关系模型。关系的码用以下横线标出。

解：第一步，将每个实体型(部门、职工、产品、供应商和零件)单独转换为一个关系模型；每个实体的码与属性就是该关系模型的码与属性。

第二步，按照实体型间的 1∶1、1∶n 和 m∶n 联系的转换规则进行调整，如下：

部门(<u>部门号</u>，部门名，经理的职工号，…)

此为部门实体对应的关系模式。该关系模式已包含了联系“领导”所对应的关系模式。经理的职工号是关系的候选码。

职工(职工号、部门号,职工名,职务,…)

此位职工实体对应的关系模式。该关系模式已包含了联系“属于”所对应的关系模式。

产品(产品号,产品名,产品组长的职工号,…)

此为产品实体对应的关系模式。

供应商(供应商号,姓名,…)

此为供应商实体对应的关系模式。

零件(零件号,零件名,…)

此为零件实体对应的关系模式。

两个 $m:n$ 联系的转换:

职工工作(职工号,产品号,工作天数,…)

此为联系“参加”所对应的关系模式。

供应(产品号,供应商号,零件号,供应量)

此为联系“供应”所对应的关系模式。

形成了一般的数据模型后,下一步就是向特定的 RDBMS 的模型转换。对于目前大都 RDBMS 来说,一般不必转换。

思考:将一个 E—R 图转换为关系模式有哪些规律?

5.4.2 数据模型的优化

数据库逻辑设计的结果不是唯一的。为了进一步提高数据库应用系统的性能,还应该根据应用需要适当地修改、调整数据模型的结构,这就是数据模型的优化。关系数据模型的优化通常以规范理论为指导,方法为:

(1)确定数据依赖。在 5.2.3“数据字典”一节中已讲到用数据依赖的概念分析和表示数据项之间的关系,写出每个数据项之间的数据依赖。按需求分析阶段所得到的语义,分别写出每个关系模式内部各属性之间的数据依赖以及不同关系模式属性之间的数据依赖。

(2)对于各个关系模式之间的数据依赖进行极小化处理,消除冗余的联系,具体方法已在 5.3.4 小节中讲解。

(3)按照数据依赖的理论对关系模式逐一进行分析,考察是否存在部分函数依赖、传递函数依赖、多值依赖等,确定各关系模式分别属于第几范式。

(4)按照需求分析阶段得到的处理要求,分析对于这样的应用环境这些模式是否合适,确定是否要对某些模式进行合并或分解。

必须注意的是,并不是规范化程度越高的关系就优。例如,当查询经常涉及两个或多个关系模式的属性时,系统经常进行连接运算。连接运算的代价是相当高的,可以说关系模型低效的主要原因就是连接运算引起的。这时可以考虑将这几个关系合并为一个关系。因此在这种情况下,第二范式甚至第一范式也许是合适的。

又如,非 BCNF 的关系模式虽然从理论上分析会存在不同程度的更新异常或冗余,但如果在实际应用中对此关系模式只是查询,并不执行更新操作,则就不会产生实际影响。所以对于一个具体应用来说，到底规范化到什么程度，需要权衡应时间和潜在问题两者的利弊决定。

(5)对关系模式进行必要的分解，提高数据操作的效率和存储空间的利用率。常用的两种分解方法是水平分解和垂直分解。

● 水平分解是把(基本)关系的元组分为若干子集合，定义每个子集合为一个子关系，以提高系统的效率。根据“80/20 原则”，一个大关系中，经常被使用的数据只是关系的一部分，约 20%，可以把经常使用的数据分解出来，形成一个子关系。如果关系 **R** 上具有 n 个事务，而且多数事务存取的数据不相交，则 R 可分解为少于或等于 n 个子关系，使每个事务存取的数据对应一个关系。

● 垂直分解是把关系模式 **R** 的属性分解为若干个集合，形成若干个关系模式。垂直分解的原则是，经常在一起使用的属性从 **R** 中分解出来形成一个子关系模式。垂直分解可以提高某些事务的效率，但也可能是另一些事务不得不执行连接操作，从而降低了效率。因此，是否进行垂直分解取决于分解后 **R** 上的所有事务的总效率是否得到了提高。垂直分解需要确保无损连接性和保持函数依赖，即保证分解后的关系具有无损连接和保持函数依赖性。

这可以用第五章中的模式分解算法对需要分解的关系模式进行分解和检查。

规范化理论为数据库设计人员判断关系模式优劣提供了理论标准，可用来预测模式可能出现的问题，使数据库设计工作有了严格的理论基础。

5.4.3 设计用户子模式

将概念模型转换为全局逻辑模型后，还应该根据局部应用需求，结合具体 DBMS 的特点，设计用户的外模式。

目前，关系数据库管理系统一般都提供了视图(View)概念，可以利用这一功能更符合局部用户需要的户外模式。

定义数据库全局模式主要从系统的时间效率、空间效率、易维护等角度出发。由于用户外模式与模式是相对独立的，因此，在定义用户外模式是可以注重考虑用户的习惯与方便，主要包括以下 3 点。

(1)使用更符合用户习惯的别名。

在合并各分 E－R 图时，曾做了消除命名冲突的工作，以使数据库系统中同一关系和属性具有唯一的名字。这在设计数据库整体结构时是非常必要的。用 View 机制可以在设计用户 View 时重新定义某些属性名，使其与用户习惯一致，以方便使用。

(2)可以对不同级别的用户定义不同的 View，以保证系统的安全性。

假设，有关系模式产品(产品号，产品名，规格，单价，生产车间，生产负责人，产品成本，产品合格率，质量等级)，可以在产品关系上建立两个视图：

为一般顾客建立视图：

产品 1(产品号，产品名，规格，单价)。

为产品销售部门建立图：

产品 2(产品号，产品名，规格，单价，车间，生产负责人)。

顾客视图中只包含允许顾客查询的属性；部门销售视图中只包含允许销售部门查询的属性；生产领导部门则可以查询全部产品数据。这样就可以防止用户非法访问本来不允许他们查询的数据，保证了系统的安全性。

(3)简化用户对系统的使用

如果某些局部应用中经常要使用某些很复杂的查询，为了方便用户，可以将这些复杂查询定义为视图，用户每次只对定义好的视图进行查询，大大简化了用户的使用。

5.5　数据库的物理设计

数据库在物理设备上的存储结构与存取方法，称为数据库的物理结构，它依赖于选定的数据库管理系统。为一个给定的逻辑数据模型选取一个最合适应用要求的物理结构的过程，就是数据库的物理设计。

数据库的物理设计，通常分为两步：

(1)确定数据库的物理结构，在关系数据库中主要指存取方法和存储结构；

(2)对物理结构进行评价，评价的重点是时间和空间效率。

如果评价结果满足原设计要求，则可进入到物理实施阶段，否则，就需要重新设计或修改物理结构，有时甚至要返回逻辑设计阶段修改数据模型。

5.5.1　数据库物理设计的内容和方法

不同的数据库产品所提供的物理环境、存取方法和存储结构有很大差别，能供设计人员使用的设计变量，参数范围也很不相同，因此，没有通用的物理设计方法可以遵循，只能给出一般的设计内容和原则。希望设计优化的物理数据库结构，使得在数据库上运行的各种事务响应时间小、存储空间利用率高、事务吞吐率大。

为此，首先对要运行的事务进行详细分析，获得选择物理数据库设计所需要的参数。其次，要充分了解所用 RDBMS 的内部特征，特别是系统提供的存取方法和存储结构。

对于数据库查询事务，需要得到如下信息：

- 查询的关系；
- 查询条件所涉及的属性；
- 连接条件所涉及的属性；
- 查询的投影属性。

对于数据更新事务，需要得到如下信息：

- 被更新的关系；
- 每个关系上的更新操作条件涉及的属性；
- 修改操作要改变的属性值。

除此之外，还需要知道每个事务在各关系上运行的频率和性能要求。例如，事务 T 必须在 10 秒钟内结束，这对于存取方法的选择具有很重大影响。

上述这些信息是确定关系的存取方法的依据。

应注意的是，数据库上运行的事务会不断变化、增加或减少，以后需要根据上述设计信息的变化调整数据库的物理结构。

通常，关系数据库物理设计的内容主要包括：

- 为关系模式选择存取方法；
- 设计关系、索引等数据库文件的物理存储结构。

下面就介绍这些设计内容和方法。

5.5.2 关系模式存取方法选择

数据库系统是多用户共享的系统，对同一个关系要建立多条存取路径才能满足多用户的多种应用要求。物理设计的任务之一就是要确定选择哪些存取方法，即建立哪些存取路径。

存取方法是快速存取数据库中数据的技术。数据库管理系统一般都提供多种存取方法。常用的存取方法有三类：

- 第一类，索引方法，目前主要是 B＋树索引方法；
- 第二类，聚簇(Cluster)方法；
- 第三类，HASH 方法。

其中，B＋树索引方法是数据库中经典的存取方法，使用最普遍。

一、索引存取方法的选择

所谓选择索引存取方法，实际上就是根据应用要求确定对关系的哪些属性列建立索引、哪些属性建立组合索引、哪些索引要设计唯一索引等，一般建议如下：

(1)如果一个(或一组)属性经常在查询条件中出现，则考虑在这个(或这组)属性上建立索引(或组合索引)；

(2)如果一个属性经常作为最大值和最小值等聚集函数的参数，则考虑在这个属性上建立索引；

(3)如果一个(或一组)属性经常在连接操作的连接条件中出现，则考虑在这个(或这组)属性上建立索引；

关系上定义的索引数并不是越多越好，系统为维护索引要付出代价，查找索引也要付出代价。例如，若一个关系的更新频率很高，这个关系上定义索引数不能太多。因为更新一个关系时，必须对这个关系上有关的索引做相应的修改。

二、聚簇存取方法的选择

为了提高某个属性(或属性组)的查询速度，把这个或这些属性(称为聚簇码，Cluster Key)上具有相同值的元组集中放在连续的物理块称为聚簇。

聚簇功能可以大大提高按聚簇码进行查询的效率。例如，要查询信息系统的所有学生名单，设信息系有 600 名学生，在极端情况下，这 600 名学生所对应的数据元组分布在 600 各不同的物理块上，尽管对学生关系已按所在系建有索引，由索引很快找到了信息系学生的元组标识，避免了全表扫描，然而再由元组标识去访问数据块时就要存取 600 个物理块，执行 600 次 I/O 操作。如果将同一系的学生元组集中存放，则每读一个物理块可得到多个满足查询条件的元组，从而显著地减少了访问磁盘的次数。

聚簇功能不但适用于单个关系，也适用于经常进行连接操作的多个关系。即把多个连接关系按"预连接"的形式存放，从而大大提高连接操作的效率。

一个数据库可以建立多个聚簇，一个关系只能加入一个聚簇。

选择聚簇存取方法，即确定需要建立多少个聚簇，每个聚簇中包括哪些关系。

下面先设计候选聚簇，一般来说：

(1)对经常在一起进行连接操作的关系可以建立聚簇；

(2)如果一个关系的一组属性经常出现在相等比较条件中，则该单个关系可建立聚簇；

(3)如果一个关系的一个(或一组)属性上的值重复率很高，则此单个关系可以建立聚簇。即对应每个聚簇码值的平均元组数不太少。太少了，聚簇的效果不明显。

然后检查候选聚簇中的关系，取消其中不必要的关系。

(1)从聚簇中删除经常进行全表扫描的关系；

(2)从聚簇中删除更新操作远多于连接操作的关系；

(3)不同的聚簇中可能包含相同的关系，一个关系可以在某一个聚簇中，但不能同时加入多个聚簇。要从这多个聚簇方案(包括不建立聚簇)中选择一个较优秀的，即在这个聚簇上运行各种事务的总代价最小。

必须强调的是，聚簇只能提高某些应用的性能，而且建立与维护聚簇的开销是相当大的。对已有关系建立聚簇，将导致关系中元组的聚簇码值改变时，该元组的存储位置也要做相应移动，聚簇码值要相对稳定，以减少修改聚簇码值所引起的维护开销。

因此，当通过聚簇码进行访问或连接是该关系的主要应用，与聚簇码无关的其他访问很少或者是次要的，这时可以使用聚簇。尤其当 SQL 语句中包含有与聚簇码有关的 ORDER BY、GROUP BY、UNION、DISTINCT 等子句或短语时，使用聚簇特别有利，可以省去对结果集的排序操作，否则很可能会适得其反。

三、HASH 存取方法的选择

有些数据库管理系统提供了 HASH 存取方法。选择 HASH 存取方法的规则，如下：

如果一个关系的属性主要出现在等值连接条件中或主要出现在相等比较选择条件中，而且满足下列两个条件之一，则此关系可以选择 HASH 存取方法；

(1)如果一个关系的大小可预知，而且不变；

(2)如果关系的大小动态改变，而且数据库管理系统提供了动态 HASH 存取方法。

5.5.3　确定数据库的存储结构

确定数据库物理结构，主要指确定数据的存放位置和存储结构，包括：确定关系、索引、聚簇、日志、备份等的存储安排和存储结构，确定系统配置等。

确定数据的存放位置和存储结构要综合考虑存取时间、存储空间利用率和维护代价 3 个方面的因素。这 3 个方面常常是相互矛盾的，因此需要进行权衡，选择一个折中方案。

1. 确定数据的存放位置

为了提高系统性能，应该根据应用情况将数据的易变部分与稳定部分、经常存取部分和存取频率较低部分分开存放。

例如，目前许多计算机有多个磁盘或磁盘阵列，因此可以将表和索引放在不同的磁盘上，在查询时，由于磁盘驱动器并行工作，可以提高物理 I/O 读写的效率；也可以将比较大的表分放在两个磁盘上，以加快存取速度，这在多用户环境下特别有效；还可以将日志文件与数据库对象（表、索引等）放在不同的磁盘上，以改进系统的性能。

由于各个系统所能提供的对数据进行物理安排的手段、方法差异很大，因此设计人员应仔细了解给定的 RDBMS 提供的方法和参数，针对应用环境的要求，对数据进行适当的物理安排。

2. 确定系统配置

DBMS 产品一般都提供了一些系统配置变量、存储分配参数，供设计人员和 DBA 对数据库进行物理优化。初始情况下，系统都为这些变量赋予了合理的默认值。但是，这些值不一定合适每一种应用环境，在进行物理设计时，需要重新对这些变量赋值，以改善系统的性能。

系统配置变量很多，例如，同时使用数据库的用户数，同时打开的数据库对象数，内存分配参数，缓冲区分配参数（使用的缓冲区长度、个数），存储分配参数，物理块的大小，物理块装填因子，时间片大小，数据库的大小，锁的数目等。这些参数值影响存取时间和存储空间的分配，在物理设计时就要根据应用环境确定这些参数值，以使系统性能最佳。

在物理设计时对系统配置变量的调整只是初步的，在系统运行时还要根据系统实际运行情况做进一步的调整，以期切实改进系统性能。

5.5.4 评价物理结构

数据库物理设计过程中需要对时间效率、空间效率、维护代价和各种用户要求进行权衡，其结果可以产生多种方案。数据库设计人员必须对这些方案进行细致的评价，从中选择一个较优的方案作为数据库的物理结构。

评价物理数据库的方法完全依赖于所选用的 DBMS，主要是从定量估算各种方案的存储空间、存取时间和维护代价入手，对估算结果进行权衡、比较，选择出一个较优的合理的物理结构。如果该结构不符合用户需求，则需要修改设计

5.6 数据库的实施和维护

完成数据库的物理设计之后，设计人员就要用 RDBMS 提供的数据定义语言和其他实用程序将数据库逻辑设计和物理设计结果严格描述出来，成为 DBMS 可以接受的源代码，再经过调试产生目标模式。然后就可以组织数据库入库了，这就是数据库实施阶段。

5.6.1 数据的载入和应用程序的调试

数据库实施阶段包括两项重要的工作，一项是数据的载入，另一项是应用程序的编码和调试。

一般数据库系统中，数据量都很大，而且数据源于部门中的各个不同的单位，数据的组织方式、结构和格式都与新设计的数据库系统有相当的差距。组织数据录入就要将各

类源数据从各个局部应用中抽取出来，输入计算机，再分类转换，最后综合成符合新设计的数据库结构的形式，输入数据库。因此这样的数据转换、组织入库的工作是相当费力、费时的。

特别是原系统是手工数据处理系统时，各类数据分散在各种不同的原始表格、凭证、单据之中。再向新的数据库系统中输入数据时，还要处理大量的纸质文件，工作量就更大。

为提高数据输入工作的效率和质量，应该针对具体的应用环境设计一个数据录入子系统，由计算机来完成数据入库的任务。在原数据入库之前要采用多种方法对它们进行检验，以防止不正确的数据入库，这部分的工作在整个数据输入子系统中是非常重要的。

现有的 RDBMS 一般都提供不同 RDBMS 之间数据转换的工具，若原来是数据系统，就要充分利用新系统的数据转换工具。

数据库应用程序的设计应该与数据库设计同时进行，因此，在组织数据入库的同时还要调试应程序。应用程序的设计、编码和调试的方法、步骤在软件工程等课程中有详细讲解，这里就不赘述了。

5.6.2 数据库的试运行

在原系统的数据有一小部分已输入数据库后，就可以开始对数据库系统进行联合调试，这又称为数据库的试运行。

这一阶段要实际运行数据库应用程序，执行对数据库的各种操作，测试应用程序的功能是否满足设计要求。如果不满意，对应用程序部分则要修改、调整，直到达到设计要求为止。

在数据库试运行时，还要测试系统的性能指标，分析其是否达到设计目标。在对数据库进行物理设计时已初步确定了系统的物理参数值，但一般的情况下，设计时的考虑在许多方面只是近似的估计，和实际系统运行总有一定的差距，因此，必须在试运行阶段实际测量和评价系统性能指标。事实上，有些参数的最佳值往往是经过调试后找到的。如果测试的结果与设计目标不符，则要返回物理设计阶段，重新调整物理结构，修改系统参数，某些情况下甚至要返回逻辑设计阶段，修改逻辑结构。

这里特别要强调两点：

第一，上面已经讲到组织数据入库是十分费时、费力的事，如果试时运后还要修改数据库的设计，还要重新组织数据入库。因此应分期分批地组织数据入库，先输入小批量数据做调试用，待试运行基本合格后，再大批量输入数据，逐步增加数据量，逐步完成运行评价。

第二，在数据库试运行阶段，由于系统还不稳定，硬件、软件故障随时都可能发生。而系统的操作人员对新系统还不熟悉，误操作也不可避免，因此，应首先调试运行 DBMS 的恢复功能，做好数据库的转储和恢复工作。一旦故障发生，能使数据库尽快恢复，尽量减少对数据库的破损。

5.6.3 数据库的运行和维护

数据库试运行合格后，数据库开发工作就基本完成，即可投入正式运行了。但是，由于应用环境在不断变化，数据库运行过程中物理存储也会不断变化，对数据库设计进行评价、调整、修改等维护工作是一长期的任务，也是设计工作的继续和提高。

在数据库运行阶段，对数据库经常性的维护工作主要是由 DBA 完成的它包括：

1. 数据库的转储和恢复

数据库的转储和恢复，是系统正式运行后最重要的维护工作之一。DBA 要针对不同的应用要求制订不同的转储计划，以保证一旦发生故障要尽快将数据库恢复到某个一致性的状态，并尽可能减少对数据库的破坏。

2. 数据库的安全性、完整性控制

在数据库运行过程中，由于应用环境的变化，对安全性的要求也会发生变化，比如有的数据原来是机密的，现在是可以公开查询的了，而新加入的数据又可能是机密的了。系统中用户的密级也会改变。这些都需要 DBA 根据实际情况修改原来的安全性控制。同样，数据库的完整性约束条件也会变化，也需要 DBA 不断修正，以满足用户要求。

3. 数据库性能的监督、分析和改造

在数据库运行过程中，监督系统运行，对监测数据进行分析，找出改进系统性能的方法是 DBA 的又一重要任务。目前，有些 DBMS 产品提供了监测系统性能参数的工具，DBA 可以利用这些工具方便地得到系统运行过程中一系列性能参数的值。DBA 应仔细分析这些数据，判断当前系统运行状况是否最佳，应当做哪些改进，例如调整系统物理参数或对数据库进行重新组织或重新构造等。

4. 数据库的重组织与重构造

数据库运行一段时间后，由于记录不断增、删、改，会使数据库的物理存储情况变坏，降低了数据的存取效率，数据库性能下降，这时 DBA 就要对数据库进行重组织或部分重组织(只对频繁增、删的表进行重组织)。DBMS 一般都提供数据重组织用的实用程序。在重组织的过程中，按原计划要求重新安排存储位置，回收垃圾、减少指针链等，提高系统性能。

数据库的重组织并不修改原设计的逻辑和物理结构，而数据库的重构造则不同，它是指部分修改数据库的模式和内模式。

由于数据库应用环境发生了变化，增加了新的应用或新的实体，取消了某些应用，有的实体与实体间的联系也发生了变化等，使原有的数据库设计不能满足新的需求，需要调整数据库的模式和内模式。例如，在表中增加或删除某些数据项，改变数据项的类型，增加或删除某个表，改变数据库的容量，增加或删除某些索引等。当然数据库的重构也是有限的，只能做部分修改。如果应用变化太大，重构也无济于事，说明此数据库应用系统的生命周期已经结束，应该设计新的数据库应用系统了。

本章小结

数据库设计这一章主要讨论数据库设计的方法和步骤，列举了较多的实例，详细介绍了数据库设计各个阶段的目标，方法，应注意的事项。其中的重点是概念结构的设计和逻辑结构的设计，这也是数据库设计过程中最重要的两个环节。学习这一章，要努力掌握书中讨论的基本方法，还要能在实际工作中运用这些思想，设计符合应用需求的数据库应用系统。

练习题

1. 试述数据库设计过程。

2. 试述数据库设计过程的各个阶段上的设计描述。

3. 试述数据库设计过程中形成的数据库模式。

4. 试述数据库设计的特点

5. 需求分析的阶段的设计目标是什么？调查队内容是什么？

6. 数据字典的内容和作用是什么？

7. 什么是数据库的概念结构？试述其特点和设计策略。

8. 什么叫数据抽象？试举例说明。

9. 试述数据库概念结构设计的重要性和设计步骤。

10. 为什么要视图集成？视图集成的方法是什么？

11. 什么是数据库的逻辑结构设计？试述其设计步骤。

12. 试把第一章习题 12 和习题 13 中 E—R 图转换为关系模式。

13. 试用规范化理论中有关范式的概念分析习题 12 中你设计的关系模型中各个关系模式的候选码，它们属于第几范式？会产生什么更新异常？

14. 试述数据库物理设计的内容和步骤。

15. 数据输入在实施阶段的重要性是什么？如何保证输入数据的正确性？

16. 现有一局部应用，包括两个实体："出版社"和"作者"，这两个实体是多对多的联系，请读者自己设计适当的属性，画出 E—R 图，再将其转换为关系模型(包括关系名、属性名、码和完整约束条件)。

17. 请设计一个图书馆数据库，此数据库中对每个借阅者保存读者记录，包括：读者号，姓名，地址，性别，年龄，单位；对每本书存有：书号，作者，出版社；对每本被借出的书存有读者号、借出日期和应还日期。要求：给出 E—R 图，再将其转换为关系模型。

第六章　事务与并发控制

事务是一系列的数据库操作,是数据库系统中的基本逻辑工作单位。在单处理机系统中,多个事务可以依次顺序地串行执行,也可以一起并发执行。当多个用户事务并发执行时,就可能发生多个事务同时读取同一数据的情况。如果此时不对并发事务的并发操作加以控制,就可能读取出不正确的数据。因此,数据库管理系统有必要提供多个事务的并发控制机制,来控制事务的并发操作,以保证数据库的一致性。

本章重点介绍以下几个内容:

(1)事务的基本概念。

(2)并发控制技术。

(3)封锁技术。

(4)活锁与死锁。

(5)两段锁协议。

6.1　事务的基本概念

事务,是由一系列的数据库操作构成的集合,是数据库应用程序的基本执行单元,也是后续并发控制和数据库恢复技术的理论基础,因此本小节先讲解事务的定义、事务处理语句及事务处理必须遵守的ACID原则。

6.1.1　事务的定义

事务(Transaction),是指由用户自定义的一系列的数据库操作,这些操作要么全做,要么全不做,是一个不可分割的工作单位。比如,在关系型数据库中,一个事务可以是一条SQL语句,也可以是一组SQL语句或者是整个程序。

事务和程序是两个不同的概念,两者的区别如下:

- 程序是静止的,事务是动态的。事务是程序的执行而不是程序本身。
- 一个程序通常包含多个事务。

事务的开始和与结束可以由用户显示控制。如果用户没有显示地定义事务,则会由DBMS按照缺省规定自动划分事务。在结构化查询语言SQL中,处理事务的语句有三条:

- BEGIN　TRANSACTION
- COMMIT　TRANSACTION
- ROLLBACK　TRANSACTION

事务，通常是以 BEGIN　TRANSACTION 开始，以 COMMIT 或 ROLLBACK 结束。

(1)BEGIN　TRANSACTION

该语句表示事务开始执行。

(2)COMMIT　TRANSACTION

该语句是提交语句，表示提交事务的所有操作，即将事务中所有对数据库的修改写回到磁盘上的物理数据库中去，事务正常结束。

(3)ROLLBACK　TRANSACTION

该语句是回滚语句，表示事务在运行的过程中，由于发生了某种故障而不能继续运行，系统将事务中对数据库的所有已完成的操作全部撤销，并滚回到事务开始时的状态。

6.1.2　事务的状态

一个事务从开始到结束，可能经历的状态有五种：活动状态、局部提交状态、提交状态、失败状态和中止状态。在此期间，事务处理语句与事务状态的关系，如图 6-1 所示。

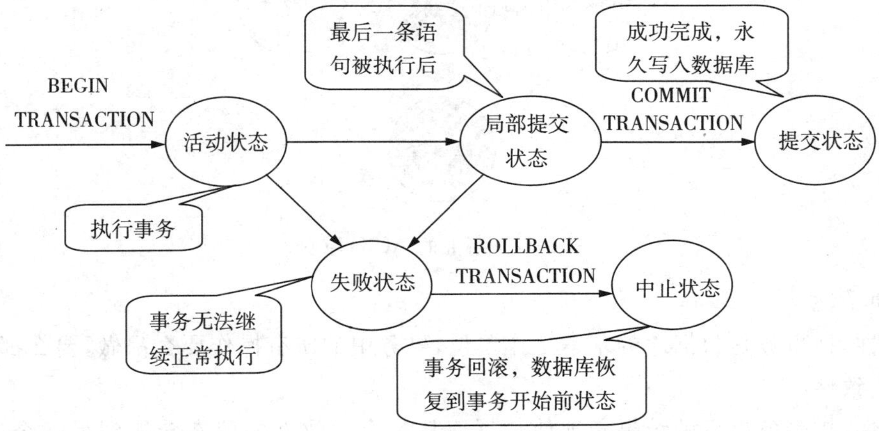

图 6-1　事务处理语句与事务状态关系图

下面对事务的五种状态进行简要地描述。

(1)活动状态

事务在执行时的状态，叫活动状态。当执行 BEGIN TRANSACTION 语句之后，事务就进入到活动状态，执行事务。

(2)局部提交状态

事务中最后一条语句被执行后的状态，叫部分提交状态。可以由活动状态转变到局部提交状态。

(3)失败状态

事务不能正常执行的状态，叫失败状态。

(4)提交状态

事务在部分提交后，将往硬盘上写入数据，当最后一条信息写入后的状态，叫提交状态。也就是说，当执行 COMMIT TRANSACTION 语句之后，表示数据永久写入到数据库中，事务成功完成。

(5)中止状态

事务回滚并且数据库已经恢复到事务开始执行前的状态，叫中止状态。当执行 ROLLBACK TRANSACTION 语句之后，数据库恢复到事务开始之前的状态。

6.1.3 事务的 ACID 原则

事务是数据库环境中的一个基本执行单元，它由一系列的 SQL 语句组成。处理事务时，必须遵守 ACID 原则，即原子性(Atomicity)、一致性(Consistency)、隔离性(Isolation)和持续性(Durability)，如图 6-2 所示。

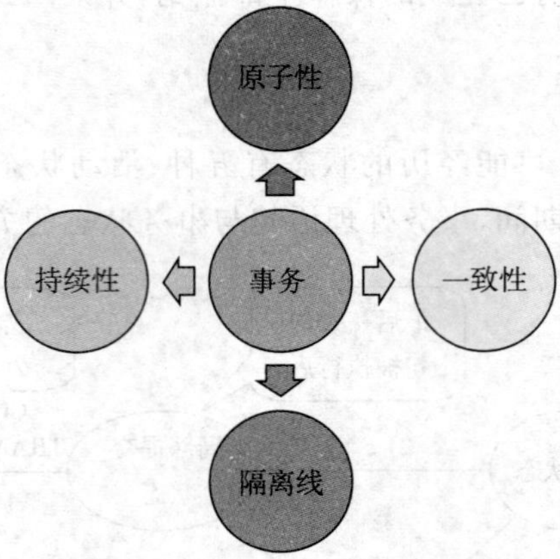

图 6-2 事务的 ACID 原则

(1)原子性

原子性，指事务是数据库的基本工作单位，事务中的所有操作要么都做，要么都不做。

(2)一致性

一致性，指事务执行的结果必须使数据库从一个一致性的状态转换到另一个一致性的状态。如果提交给数据库的事务都成功执行，就说数据库处于一致性状态。反之，如果数据库系统运行中发生故障，有些事务尚未完成就被迫中断，这些未完成的事务对数据库所做的修改有一部分已写入物理数据库，这时数据库就处于一种不正确的状态，称之为不一致的状态。可见，原子性与一致性是密切相关的。

(3)隔离性

隔离性，指一个事务内部的操作和数据对其他并发事务是隔离的，并发执行的各个事务之间不能相互干扰，即一个事务的执行能被其他事务干扰。

(4)持续性

持续性，也称为永久性(Permanence)，指事务在提交后，它对数据库中数据的改变具有永久性，接下来之后的其他操作或运行故障都不应该对其执行结果有任何影响。

事务，是恢复和并发控制的基本单位。所以后续章节讨论均以事务为对象。

事务的 ACID 原则保证了一个事务要么提交后成功执行，要么提交后失败滚回，二者必居其一。保证事务 ACID 原则是事务管理的重要任务。破坏事务 ACID 原则的因素有：

- 多个事务并发运行时，不同事务的操作交叉执行。

- 事务在运行过程中被强行停止。

在第一种情况下，数据库管理系统必须保证多个事务的交叉运行不影响这些事务的原子性。在第二种情况下，数据库管理系统必须保证被强行终止的事务对数据库和其他事务没有任何影响。这些就是数据库管理系统中的恢复机制和并发控制机制的责任。

6.2 并发控制

6.2.1 什么是并发控制？

在单CPU系统中，多个事务的并发执行是指这些并行事务的并行操作轮流交叉运行。这种并行执行方式称为交叉并发方式，如图6-3所示。事务的这种交叉并发方式可能导致数据库的一致性遭到破坏。

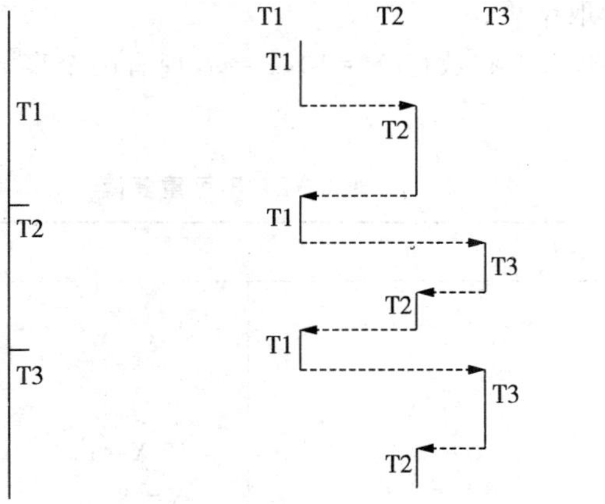

（a）事务的串行执行方式　（b）事务的交叉并发执行方式

图6-3 事务的执行方式

比如，当多个用户并发访问同一数据库时，就会产生多个事务同时访问同一数据的情况。若此时不对并发操作加以控制，就可能导致读写错误的数据，从而破坏数据库的一致性。因此，为了保证数据库的一致性，也为了保证事务的ACID原则不遭到破坏，DBMS有必要对多个事务的并发操作加以控制，使这些并发执行的事务能被合理地调度和执行，这就是数据库管理系统中并发控制机制的任务。

6.2.2 并发控制的问题

多个事务的并发执行导致数据的不一致性问题，可以分为三类：

(1)丢失修改(Lost Update)

两个事务T_1和T_2读入同一数据并修改，某一事务T_2提交的结果破坏了另一事务T_1的提交结果，而导致事务T_1的修改被丢失。

例1 假设某数据库中有一数据$X=10$，现有A、B两个事务分别对数据X执行了一次加 5 和一次减 5 操作，具体操作序列见表 6-1。

表 6-1　丢失修改

A	B
①读 $X=10$ ② ③ $X=X+5$ 写回 $X=15$ ④	读 $X=10$ $X=X-5$ 写回 $X=5$(覆盖了 A 的结果)

(2)不可重复读(Non-Repeatable Read)

不可重复读，是指某一事务 T_1 读取数据后，另一事务 T_2 执行更新操作，使前一事务 T_1 无法再现上一次的读取结果。

例 2　假设某数据库中有数据 $X=10$，$Y=5$，现有两个事务 A、B 对数据 X、Y 的操作，见表 6-2 所示。

表 6-2　不可重复读

A	B
①读 $X=10$ 读 $Y=5$ 求和 $X+Y=15$ ②	
	读 $X=10$ $X=X-5$ 写回 $X=5$
③ 读 $X=5$ 读 $Y=5$ 求和 $X+Y=10$ (验算不对)	

在图 6-3 中，事务 A 在读取数据 X、Y 进行求和运算后，事务 B 读取同一数据 X 进行修改并写回数据库。当事务 A 再一次读取数据 X 时，就会得到与上一次不同的值，导致验算不对。

除了上述导致数据不可重复读的情况之外，还有两种情况也会导致数据的不可重复读：

- 两个事务 A、B 并发操作时，事务 B 对事务 A 使用的数据进行了删除。
- 两个事务 A、B 并发操作时，事务 B 插入的数据对事务 A 产生了影响。

这两种情况导致的数据不可重复读又称“幻影现象”。

(3)读“脏”数据(Dirty Read)

某一事务 T_1 对数据库中的某个数据进行修改之后写回磁盘，另一事务 T_2 读取同一数据后，前一事务 T_1 由于某种原因被系统撤销，这时，由前一事务 T_1 修改过的数据恢复原值，而后一事务 T_2 读到的数据就会与数据库中的数据不一致，则称后一事务读到的数据为“脏”数据，也就是不正确的数据。

例 3　假设某数据库中有数据 $Z=10$，现有两个事务 A、B 对数据 Z 的操作序列，见表 6－3所示。

表 6－3　读“脏”数据

A	B
①读 $Z=10$ $Z=Z+5$ 写回 $Z=15$	
②	读 $Z=15$（“脏”数据）
③ ROLLBACK Z 恢复为 10	

总之，导致上述三类数据不一致性发生的原因主要是多个事务的并发操作破坏了事务的隔离性。因此，DBMS 中的并发控制机制就是要用正确的方式来调度并发操作，使一个用户事务的执行不受其他事务的干扰，保证事务的隔离性，从而避免数据的不一致性。

另一方面，对数据库的应用有时允许某些不一致性，例如有些统计工作涉及数据量很大，读到一些“脏”数据对统计精度没有什么影响，这时可以降低对一致性的要求以减少系统开销。

在 DBMS 中，并发控制机制采用的主要技术是封锁、时间戳和乐观控制法。商用的 DBMS 一般均采用封锁方法。所以本书将在下一节给出封锁技术的详细介绍。

6.3　封锁

封锁，是实现并发控制的一个非常重要的技术。

6.3.1　封锁的定义

封锁（Locking），是指事务 T 在对某个数据对象，例如基本表、记录等进行操作之前，先向系统发出加锁请求，加锁后事务 T 就对该数据对象有了一定的操作权和控制权，在事务 T 释放该锁之前，其他事务不能修改更新该数据对象。

6.3.2　封锁的类型

确切的控制，是由封锁的类型所决定的。基本的封锁类型有两种：排它锁和共享锁。

(1)排它锁(Exclusive Locks)

排它锁,又称X锁、写锁。如果事务T对数据对象A加上X锁,则系统只允许事务T读取和修改数据A,其他任何事务既不能读取和修改A,也不能再对A加任何类型的锁,直到T释放A上的锁为止。

(2)共享锁(Share Locks)

共享锁,又称S锁、读锁。如果事务T对数据对象A加上S锁,则事务T可以读数据A但不能修改A,其他事务对数据A只能再加S锁,不能加X锁,直到事务T释放A上的S锁为止。

X锁和S锁的相容矩阵,见表6-4。

表6-4　X锁和S锁的相容矩阵

事务T2 / 事务T1	X	S	未加锁
X	N	N	Y
S	N	Y	Y
为加锁	Y	Y	Y

注意:

Y=Yes,相容的请求

N=No,不相容的请求

在表6-1中,Y表示相容的请求,即事务T2的封锁请求与事务T1已持有的锁相容,其封锁请求可以满足。N表示不相容的请求,即事务T2的封锁请求与事务T1已持有的锁冲突,事务T2的封锁请求被拒绝。

6.3.3　封锁的协议

封锁机制的三个环节:加锁申请、获得锁、释放锁。因此,在运用封锁技术对数据对象加锁时,什么时候申请X锁或S锁、什么时候释放锁、持锁时间是多少等过程中,都需要遵守一定的规则,这些规则就是封锁协议。

封锁协议分三级,分别是一级封锁协议、二级封锁协议、三级封锁协议。每一级别的封锁协议可以保证的数据一致性程度是不同的。

● 一级封锁协议

事务T在修改某个数据之前必须先对其加X锁,直到事务结束才释放。事务结束可以是成功提交,也可以是失败回滚。

一级封锁协议可以防止数据的丢失修改,并保证事务T是可恢复的。

● 二级封锁协议

事务T对要修改数据必须先加X锁,直到事务T结束后才可释放X锁;并且对要读取的数据必须先加S锁,直到读完后才可释放S锁。

二级封锁协议可以防止数据的丢失修改以及不读“脏”数据。

● 三级封锁协议

事务 T 在读取数据之前必须先对其加 S 锁，在需要修改数据之前必须先对其加 X 锁，直到事务 T 结束后，才释放所有的 X 锁和 S 锁。

三级封锁协议可以防止数据丢失修改、读“脏”数据以及不可重复读。

例 4　表 6-5 给出了使用封锁机制解决丢失修改的不一致性问题。

表 6-5　不丢失修改

A	B
①　Xlock X	
②　R(X)=10	
	Xlock X
③　X←X+5	等待
W(X)=15	等待
Commit	等待
Unlock X	等待
④	获得 Xlock X
	R(X)=15
	X←X−5
⑤	W(X)=10
	Commit
	UnlockX

在表 6-5 中，事务 A 在读 X 进行修改之前先对 X 加写 X 锁，当事务 B 再请求对 X 加写 X 锁时被拒绝，事务 B 只能等待事务 A 释放 X 上的锁后，B 获得对 X 的 X 锁，这时 B 读到的 X 已经是事务 A 更新过的值 15，事务 B 按此新的 X 值进行运算，并将结果值 X=10 送回到磁盘，避免了丢失事务 A 的更新。

例 5　表 6-6 给出了使用封锁机制解决不可重复读的不一致性问题。

表 6-6　可重复读

A	B
①　Slock X	
Slock Y	
R(X)=10	
R(Y)=5	
求和=15	
②	Xlock X
	等待
	等待

（续表）

A	B
③ R(X)=10	等待
R(Y)=5	等待
求和=15	等待
Commit	等待
UnlockX	等待
UnlockY	等待
④	获得 Xlock X
	R(X)=10
	X←X-5
⑤	W(X)=5
	Commit
	UnlockX

在表 6-6 中，事务 A 在读 X，Y 之前，先对 X，Y 加 S 锁，其他事务只能再对 X，Y 加 S 锁，而不能加 X 锁，即其他事务只能读 X，Y，而不能修改。当事务 B 为修改 X 而申请对 X 的写 X 锁时被拒绝，只能等待 A 释放 B 上的锁。事务 A 为验算再读 X，Y，这时读出的 X 仍是 10，求和结果仍为 15，即可重复读。事务 A 结束才释放 X，Y 上的 S 锁，事务 B 才获得对 X 的写 X 锁。

例 6 表 6-7 给出了使用封锁机制解决读“脏”数据的不一致性问题。

表 6-7 不读“脏”数据

A	B
① Xlock Z	
R(Z)=10	
Z←Z+5	
W(Z)=15	
②	Slock Z
	等待
③ ROLLBACK	等待
(Z 恢复为 10)	等待
UnlockZ	等待
④	获得 Slock Z
	R(Z)=10
⑤	Commit
	UnlockZ

在表 6-7 中，事务 A 在对 Z 进行修改之前，先对 Z 加 X 锁，修改其值后写回磁盘，事务 B 请求在 Z 上加 S 锁，因事务 A 已在 Z 上加了 X 锁，事务 B 只能等。事务 A 因某种原因被撤销，Z 恢复为原值 10，事务 A 释放 Z 上的 X 锁后，事务 B 获得 Z 上的 S 锁，读 Z=10。避免了事务 B 读“脏”数据。

6.4　活锁与死锁

封锁，是实现并发控制的一个重要技术。但是，封锁也会引起活锁和死锁现象的发生。

6.4.1　活锁

活锁，是指在封锁过程中，系统可能使某个事务 T 永远处于等待状态，得不到封锁机会。比如，事务 T_1 封锁了数据 A，事务 T_2 又请求封锁数据 A，事务 T_2 等待。事务 T_3 也请求封锁数据 A，当 T_1 释放了对 A 的封锁之后，系统先批准 T_3 的封锁请求，T_2 接着等待。然后事务 T4 又请求封锁 A，当 T_3 释放了 A 上的封锁之后，系统又先批准了 T_4 的封锁请求……，这样 T_2 可能永远等待，这就是活锁，如表 6-8 所示。

表 6-8　活锁的示例

T1	T2	T3	T4
封锁数据 A			
⋮	申请封锁 A		
	等待	申请封锁 A	
	等待	等待	申请封锁 A
释放 A 上的锁	等待	等待	等待
⋮	等待	封锁数据 A	等待
	等待	⋮	等待
	等待		等待
	等待		等待
	等待	释放 A 上的锁	等待
	等待	⋮	封锁数据 A
	等待		⋮
	等待		
	等待		

解决活锁的最有效办法是采用“先来先服务(FIFO)”的控制策略，即当多个事务请求封锁同一数据对象时，封锁子系统按照封锁请求的先后顺序，对这些事务排队，一旦该数据对象上的锁被释放，系统首先批准申请队列中的第一个事务获得封锁机会。

6.4.2　死锁

死锁，是指若干个事务都处于等待状态，相互等待对方解除封锁，结果造成这些事务都无法进行，系统进入对锁的循环等待中，这就是死锁。

比如，若事务 T1 封锁了数据 A，事务 T_2 封锁了数据 B，然后 T_1 又请求封锁 B，由于 T_2 已封锁了 B，所以 T1 等待 T_2 释放 B 上的锁；接下来，T_2 又申请封锁 A，同样，由于 T_1 已封锁了 A，所以 T_2 也只能等待 T_1 释放 A 上的锁。这样就进入了 T_1 等待 T_2，T_2 等待 T_1 的局面，T_1 和 T_2 两个事务永远都不能结束，从而形成死锁，见表 6-9 所示。

表 6-9　死锁的示例

T1	T2
封锁数据 A ⋮	
	封锁数据 B ⋮
申请封锁数据 B 等待 等待 等待 等待 等待	
等待	申请封锁数据 A
等待	等待
等待	等待
等待	等待
等待	等待

死锁的问题在操作系统和一般并行处理中都已做了深入研究。目前，在数据库中解决死锁问题主要有两种方法：一类是采取一定措施来预防死锁的发生；另一类方法是允许发生死锁，采用一定手段定期诊断系统中有无死锁，若有则解除之。

(1)死锁的预防

在数据库中，防止死锁的发生其实就是要破坏产生死锁的必要条件，即预先采用一定的操作模式以避免死锁的出现。通常有两种方法：

● 一次封锁法

要求每个事务必须一次将所有要使用的数据全部加锁，否则就不能继续执行。

● 顺序封锁法

预先对数据对象规定一个封锁顺序，所有事务都按这个顺序实行封锁。

(2)死锁的诊断与解除

死锁解除方法允许产生死锁，在死锁产生后通过一定手段予以解除，一般采用定时法和检测法。

● 定时法

对每个锁设置一个时限，当事务等待此锁超过时限后即认为已经产生死锁，此时调用解锁程序，以解除死锁。

● 检测法

在系统内设置一个死锁检测程序，该程序定时启动检查系统中是否产生死锁，一旦发现死锁,立刻调用解锁程序,以解除死锁。

在实际应用中,由于预防死锁法并不是很适合数据库的特点,所以 DBMS 在解决死锁的问题上普遍采用的是诊断与解除死锁法。

6.5　两段锁协议

数据库系统对并发事务的调度,是指系统对这些并发事务中所有操作的一个顺序安排。由于系统对并发事务的调度是随机的,因而会产生不同的调度策略,而不同的调度策略又可能产生不同的运行结果,在这些结果中,有些是正确的,有些是错误的,如何判断呢?

6.5.1　可串行化(Serializable)调度

通常,在 DBMS 中,我们采用可串行性来判断多个事务并发执行的正确性。那么,什么是可串行性呢?

可串行化(Serializable)调度:多个事务的并发执行是正确的,当且仅当其结果与按某一次序串行地执行它们时的结果相同,称这种调度策略是可串行化(Serializable)的调度。

可串行性(Serializability):是保证并发事务正确执行的准则。按照这个准则,一个给定的并发调度,当且仅当它是可串行化的,才是正确的调度。

为了保证并发事务的正确性,数据库系统的并发控制机制必须提供一定的方法来确保并发调度的可串行化。两段锁协议就是保证并发调度是可串行化的封锁协议。

6.5.2　两段锁协议

两段锁协议(Two－Phase Locking,简称 2PL),是指所有事务必须分两阶段对数据项进行加锁和解锁。第一阶段是获得封锁,又称为扩展阶段,第二阶段是释放封锁,又称为收缩阶段。

(1)扩展阶段

在这个阶段,事务可以申请获得任何数据项上的任何类型的封锁,但是不能释放任何类型的锁。

(2)收缩阶段

在这个阶段,事务可以释放任何数据上的任何类型的封锁,但是不能再申请任何类型的锁。

例如,事务 T 遵守两段锁协议,其封锁序,如图 6－4 所示。

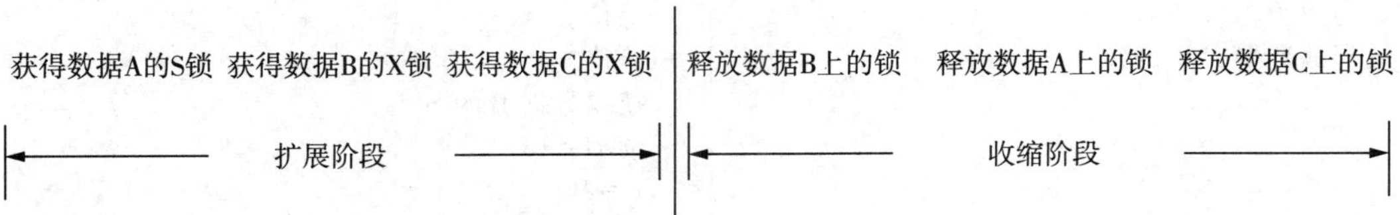

图 6－4　事务 T 两段锁的封锁过程

两段锁协议保证了并发事务的可串行性,但一个可串行化的调度并不一定遵守两段锁协议,分别见表 6－10 和表 6－11。

表 6-10 遵守 2PL 的可串行化调度

T1	T2
申请数据 A 的 S 锁	
获得数据 A 的 S 锁	
读 $A=10$	
$X=A$	
申请数据 B 的 X 锁	
获得数据 B 的 X 锁	
	申请数据 B 的 S 锁
	等待
	等待
	等待
$B=X+5$	等待
写回 $B=15$	等待
释放数据 A 上的锁	等待
释放数据 B 上的锁	等待
	获得数据 B 的 S 锁
	读 $B=15$
	$X=B$
	获得数据 A 的 X 锁
	$A=X-5$
	写回 $A=10$
	释放数据 B 上的锁
	释放数据 A 上的锁

表 6-11 不遵守 2PL 的可串行化调度

T1	T2
申请数据 A 的 S 锁	
获得数据 A 的 S 锁	
读 $A=10$	
$X=A$	
释放数据 A 上的锁	
申请数据 B 的 X 锁	
	申请数据 B 的 S 锁
	等待
	等待
$B=X+5$	等待
写回 $B=15$	等待
释放数据 B 上的锁	等待
	获得数据 B 的 S 锁
	读 $B=15$
	$Y=B$
	释放数据 B 上的锁
	获得数据 A 上的 X 锁
	$A=Y-5$
	写回 $A=10$
	释放数据 A 上的锁

尽管两段锁协议可以保证并发事务的任何并发调度都是可串行化的，但两段锁协议仍然不能避免死锁的发生，见表 6 - 12。

表 6 - 12　遵守 2PL 的并发事务发生死锁

T1	T2
申请数据 A 的 S 锁 读 $A=10$ $A=A+5$ 写回 $A=15$	
	申请数据 B 的 S 锁 读 $B=10$ $B=B-5$ 写回 $B=5$
申请数据 B 的 X 锁 等待 等待 等待	申请数据 A 的 X 锁 等待

从图 6 - 10 中可以看出，遵守两段锁协议的并发事务仍然可能发生死锁，究其原因是两段锁协议并没有要求并发执行的事务必须一次将所有要用到的数据全部加锁。

本章小结

在数据库的保护中，保证数据的一致性是其最基本的要求。事务是数据库的基本逻辑工作单位，只要系统保证了事务的 ACID 特性，也就保证了数据库的一致性。而数据库的最大特点之一，是它能为多个用户提供数据共享，即同一时间可能会有多个用户事务同时访问同一个数据库。因此，为了保证系统中多个并发事务的一致性，DBMS 有必要对系统中所有事务的并发操作进行相应的控制，这就是数据库中的并发控制机制。通常，在数据库中采用封锁技术来实现并发控制。本章介绍了两类常用的封锁：S 锁和 X 锁。对数据进行不同的封锁，可以保证的数据一致性是不同的。同时，对数据对象进行封锁，一样可能会带来活锁和死锁问题，这是并发控制机制必须要解决的问题之一。两段锁协议尽管可以保证并发事务调度的正确性，使多个并发事务能正确执行，但遵守两段锁协议的并发事务同样会产生死锁问题，这是因为两段锁协议是可串行化调度的充分条件，而不是必要条件。

练习题

1. 什么是事务？事务的 ACID 原则有哪几条？
2. 事务处理语句有哪几条？分别代表什么含义？
3. 为什么事务非正常结束时会影响数据库数据的正确性？请举例说明之。
4. 事务的并发操作可能导致哪几种数据不一致？
5. 什么是并发控制？在数据库中为什么要用并发控制机制？
6. 并发控制技术可以保证事务的哪些特性？
7. 什么是封锁？封锁有哪几种类型？分别代表什么含义？
8. 试述活锁和死锁问题。
9. 解决活锁和死锁的方法有哪些？
10. 什么是两段锁协议？它有什么作用？
11. 假设三个事务 A、B、C 的操作分别是：

事务 A：$X=X+10$

事务 B：$X=X-5$

事务 C：$X=X*5$

其中，X 的初值为 $X=10$。试完成以下问题。

(1)若这三个事务并发执行，请写出所有可能出现的正确结果。

(2)请写出一个可串行化的调度策略，并给出相应计算结果。

(3)请写出一个非串行化的调度及相应计算结果。

(4)若这三个事务都遵守两段锁协议，请写出一个不产生死锁的可串行化调度。

(5)若这三个事务都遵守两段锁协议，请写出一个产生死锁的调度。

第七章　数据库安全性与完整性

数据库的最大特点之一是实现了数据的共享。在当今计算机通信技术和计算机网络发展迅速的时代，数据的共享更是日益加强，这样数据的保密性就愈发显得重要起来。因此，DBMS 必须提供一套完整且有效的机制来保证数据的安全性，这就是数据库的安全性机制。而数据库的完整性则是为了保证数据的正确性和有效性，即保证数据库中的数据是符合现实世界语义的。数据库的安全性和完整性是数据库保护中的重要内容。

本章将主要介绍以下几个内容：

(1)数据库的安全性。

(2)数据库的安全性控制机制。

(3)数据库的完整性。

(4)数据库的完整性控制机制。

7.1　数据库安全性

众所周知，在数据库中，有许多数据是非常关键和重要的，它们可能涉及企业或单位的各种机密，也可能涉及个人隐私。如果对它们进行非法使用或随意更改，可能会导致灾难性的后果。因此，在数据库系统中，数据的共享性必须给予相应的限制，规定只有特定人员在特定授权之下才可以访问这些数据，而不是所有的用户都可以随意地访问它们。

一般，在数据库系统中，DBMS 都会建立一套完整的使用数据的规范或规则，用来保证数据库的安全性，以防止恶意滥用数据库的情况发生，这就是数据库安全性的责任和任务。

数据库的安全性，是指保护数据库以防止不合法的用户非法使用数据库，而造成的数据泄露、恶意更改或破坏，以及非法存取。

安全性问题不是数据库系统所独有的，所有计算机系统都有这个问题。只是在数据库系统中大量数据集中存放，而且为许多最终用户直接共享，从而使安全性问题更加突出。

数据库的安全性可能遭到破坏的原因，如图 7-1 所示。

因此，保护数据库安全性的任务主要包括以下三点：

- 防止对数据进行未授权的存取，保护对敏感信息未经授权的访问。
- 防止未经授权的用户删除和修改数据。
- 采用审核技术监视用户存取数据。

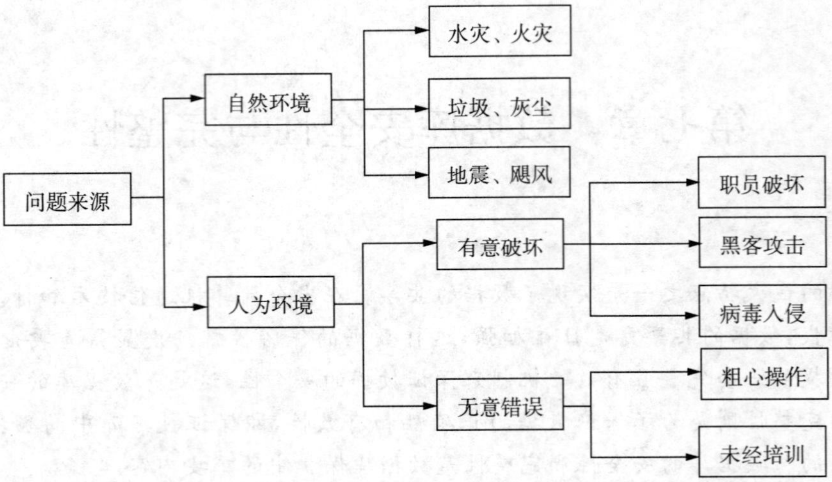

图 7－1　数据库的安全性问题

7.2　数据安全性控制机制

数据库的安全性和计算机系统的安全性紧密相连，因此，在计算机系统中，对数据库的安全性措施是一级一级层层设置的。通常，在计算机系统中采用的安全性模型，如图 7－2 所示。

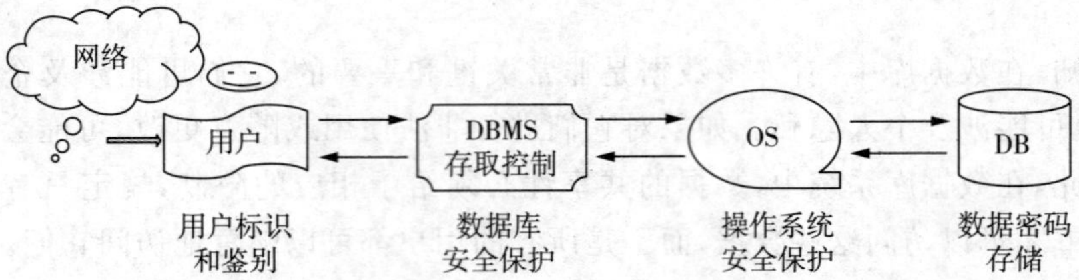

图 7－2　计算机系统的安全性模型

操作系统 OS(Operation System)一级也会有自己的保护措施。数据最后还可以以密码形式存储到数据库中。操作系统一级的安全保护措施可以参考操作系统的有关书籍，这里不再详叙。另外，对于强力逼迫透露口令、盗窃物理存储设备等行为而采取的保安措施，例如出入机房登记、加锁等，也不在讨论之列。本节只讨论与数据库有关的安全性机制。

在数据库的安全性控制机制中，常用的方法有：身份标识与鉴别、存取控制、视图机制、审计和数据加密等方法。

7.2.1　用户身份标识与鉴别

用户身份标识与鉴别(Identification & Authentication)，是计算机系统提供的最外层的安全保护措施。其方法是由系统提供一定的方式让用户标识自己的名字或身份。每次用户要求进入系统时，由系统进行核对，通过鉴定后才能提供机器使用权。

通常采用以下三种方法：

(1)使用用户名和口令

这种方法简单易行，但容易被人盗取，一般包括以下两种：

● 身份认证(User Identification)

系统将输入的用户名与合法用户名进行对照，来鉴别该用户是否为合法用户。

● 口令认证(Password Identification)

口令由用户定义，是合法用户自己定义的密码，记录在数据库中，可以被合法用户随时变更。

(2)随机数运算认证

这是一种非固定口令的认证，即每个用户预先约定一个计算过程或函数，系统提供一个随机数，用户根据自己预先约定的计算过程或函数进行计算，然后系统通过判断用户计算结果是否正确来鉴定用户的身份。

(3)个人信息验证

这是一种使用密码字的身份鉴别技术。常采用磁卡、指纹、视网膜、声波、人脸识别等方法进行身份验证。

7.2.2 存取控制

数据库安全性所关心的主要是 DBMS 的存取控制机制。在数据库的安全性中，存取控制可以确保具有数据库使用权的合法用户访问数据库，同时令未授权的人员无法接近数据库。

具体来说，存取控制机制主要包含两个部分：

● 定义用户权限，并将用户权限登记到数据字典中。

用户对某一数据对象的操作权力，称为权限。某个用户应该具有何种权限是个管理问题和政策问题而不是技术问题。DBMS 的功能能够保证这些决定的执行。

● 合法权限检查

每当在用户提出存取数据库的操作请求后，系统根据安全规则进行合法权限检查，若用户的操作请求超出了定义的权限，系统将拒绝执行此操作。

其中，用户权限是指不同用户对不同的数据对象允许执行的操作权限。这些操作权限经系统定义并编译之后放在数据字典中，称之为安全规则或授权。

在存取控制机制中，主要有自主存取控制和强制存取控制两种类型。

(1)自主存取控制(DAC)

这是一种非常灵活的存取控制方法。用户对于不同的数据对象有不同的存取权限，不同的用户对同一对象也有不同的权限，而且用户还可将其拥有的存取权限转授给其他用户。

用户权限由两个要素组成：数据对象和操作类型。定义一个用户的存取权限就是定义该用户可以在哪些数据对象上进行哪些类型的操作。在数据库系统中，定义存取权限称之为授权，主要通过 GRANT(授权)语句和 REVOKE(回收权限)语句来实现。关系数据库系统中的存取权限，见表 7-1。

表 7－1　关系数据库系统中的存取权限

对象类型	对象	操作类型
数据库	模式	CREATE DataBase
	基本表	CREATE TABLE,ALTER TABLE
模式	视图	CREATE VIEW
	索引	CREATE INDEX
数据	基本表和视图	SELECT,INSERT,UPDATE,DELETE,REFERENCES,ALL PRIVILEGES
数据	属性列	SELECT,INSERT,UPDATE,REFERENCES,ALL RIVILEGES

自主存取控制是通过授权机制有效地控制其他用户对敏感数据的存取。但由于用户对数据的存取权限是自主的,用户可以自由地决定将数据的存取权限授予何人、决定是否也将授权的权限授予别人,而系统对此无法控制。在这种授权机制下,仍可能存在数据的无意泄露。究其原因在于,自主存取控制机制仅仅通过对数据的存取权限来进行安全控制,而数据本身并无安全性标记。解决这一问题的方法是,对系统控制下的所有主客体实施强制存取控制机制。

(2)强制存取控制(MAC)

MAC,是指系统为保护更高程度的安全性,按照 TDI/TCSEC 标准中安全策略的要求,所以采取的强制存取检查手段。在强制存取控制方法中,每一个数据对象被标以一定的密级,每一个用户也被授予一定级别的许可证。对于任意一个数据对象,只有具有合法许可证的用户才可以进行存取操作。强制存取控制因此相对比较严格,适用于对数据有严格而固定密级分类的部门,比如军事或政府部门。

在 MAC 中,系统将所有管理的实体分为主体和客体两大类。

● 主体

主体,是指数据库中数据访问者、(用户或 DBA)进程、线程等,是系统中的活动实体。

● 客体

客体,是指数据库中数据及其载体(表、视图、索引、存储过程等),是系统中的被动实体。

对于主体和客体,DBMS 为它们每个实例(值)指派一个敏感度标记(Label)。敏感度标记被分成若干级别,例如绝密、机密、可信、公开等。主体的敏感度标记称为许可证级别。客体的敏感度标记称为密级。MAC 就是通过比较主体和客体的 Label 来确定主体是否能够存取客体。

当某一用户(或某一个主体)以标记 label 注册入系统时,系统要求他对任何客体的存取必须遵循如下规则:

● 仅当主体的许可证级别大于或等于客体的密级时,该主体才能读取相应的客体;

● 仅当主体的许可证级别等于客体的密级时,该主体才能写相应的客体。

这两条规则的共同点在于它们均禁止了拥有高许可证级别的主体更新低密级的数据对象,从而防止了敏感数据的泄漏。

强制存取控制方法是对数据本身进行密级标记，不管数据如何复制，标记与数据都是一个不可分割的整体，只有符合密级标记要求的用户才可以存取数据，因此，MAC 提供了更高级别的安全性。

7.2.3 视图机制

还可以为不同的用户定义不同的视图，把数据对象限制在一定的范围内，也就是说，通过视图机制把要保密的数据对无权存取的用户隐藏起来，从而自动地对数据提供一定程度的安全保护。具体视图的详细介绍，可以参考第 3 章。

视图机制实现数据库安全保护的基本思想是：首先通过定义用户视图，屏蔽掉一部分需要对某些用户保密的数据；然后，在视图上定义存取权限，将对视图的访问权授予给这些用户，并且不允许他们直接访问定义视图的基本表，从而自动地对数据提供一定程度的安全保护。

通过视图机制可以实现：

- 将用户的权限限定于基本表中的某些行或列上。
- 将多个表连接起来，将用户的权限限定于连接结果的特定行上。
- 将用户的权限限定于某些数据的聚合信息上。

7.2.4 审计

审计是一种监视措施，它的任务是把用户对数据库的所有操作自动地记录下来，并放入审计日志中，系统一旦发生数据被非法存取的情况，数据库管理人员 DBA 就可以根据审计跟踪的信息，重现导致数据库现有状况的一系列事件，从而找出非法存取数据的人、时间和内容等。

审计常用于：

- 审查可疑的活动。
- 监视和收集关于数据库活动的数据。

由于任何系统的安全保护措施都不可能无懈可击，蓄意盗窃、破坏数据的人总会想方设法打破控制，因此审计功能在维护数据安全、打击犯罪方面是非常有效的。审计通常会耗费一定的时间和空间，加大系统的开销，因此 DBA 要根据实际应用对安全性的要求，有选择性地打开或关闭审计功能。一般而言，审计多用于对安全性要求较高的部门。

7.2.5 数据加密

对于高度敏感性数据，例如财务数据、军事数据、国家机密，除以上安全性措施以外，还可以采用数据加密技术。

数据加密，是指以密码的形式存储和传输数据库中的数据。数据加密的基本思想是：根据一定的算法将原始数据（明文）变换为不可直接识别的格式（密文），从而使得不知道解密算法的人无法获得数据的内容。

加密的方法，通常有两种：

- 替换方法

该方法使用密钥将明文中的每一个字符转换为密文中的一个字符。

● 置换方法

该方法仅将明文的字符按不同的顺序重新排列。

需要说明的是,单独使用这两种方法中的任意一种都是不够安全的,通常将这两种方法结合起来使用,以提供更高的安全程度。采用这种结合算法的例子是美国1977年制定的官方加密标准,数据加密标准(Data Encrpytion Standard,简称 DES)。

有关 DES 秘钥加密技术及其秘钥管理问题等已超出本书范围,可以参考计算机相关教材,这里不再讨论。

7.3 数据库完整性

数据库的完整性,是指数据库中数据的正确性、有效性和相容性,其主要目的是防止错误的数据进入数据库。例如,学生的学号必须是唯一的;性别只能是男或女学生多选的课程必须是学校开设的课程等。其中,正确性是指数据的合法性;有效性,是指数据是否属于所定义域的有效范围;相容性是指表示同一事实的两个数据应当一致。

数据库的完整性和安全性是两个不同的概念。

数据的完整性,是指防止合法用户的误操作、考虑不周全而造成的数据库中的数据不合语义、错误数据的输入输出所造成的无效操作和错误结果。数据的安全性,则是防止非法用户对数据库进行非法操作。因此,完整性检查和控制的防范对象是不合语义、不正确的数据,防止它们进入数据库。安全性控制的防范对象,则是非法用户和非法操作,防止他们对数据库数据的非法存取。

完整性约束条件,是 DBMS 为了保证数据库的完整性,而制定的一种用来检查数据库中的数据是否满足语义规定的一组约束条件。在关系模型中,完整性约束条件分为三类:实体完整性规则、参照完整性规则和用户自定义的完整性规则。

本书的第 2 章已经讲解了关系数据库三类完整性约束的基本概念,下面讲解 SQL 语言中实现这些完整性控制功能的方法。

7.3.1 实体完整性规则

在第 2 章中已经讲解了什么是实体完整性规则,即如果某个属性是其基本关系的主属性,那么该属性不能取空值。

在 SQL 语句中,用 CREATE TABLE 中的 PRIMARY KEY 进行定义。对于单属性构成的码有两种说明方法:一种是定义为列级约束条件;另一种是定义为表级约束条件。对多个属性构成的码只有一种说明方法,即定义为表级约束条件。

例 1 将 Student 表中的 sno 属性定义为码。

```
CREATE TABLE Student
    (Sno    CHAR(9) PRIMARY KEY,
    Sname   CHAR(20),
    Sex     CHAR(2),
```

```
    Sage    INT,
    Sdept   CHAR(20),
  );
```

或者

```
CREATE TABLE Student
    (Sno    CHAR(9),
    Sname   CHAR(20),
    Sex CHAR(2),
    Sage    INT,
    Sdept   CHAR(20),
    PRIMARY KEY(Sno)
    );
```

例 2 将 SC 表中的 Sno,Cno 属性组定义为码。

```
CREATE TABLE  SC
    (Sno   CHAR(9),
    Cno   CHAR(4),
    Grade INT,
    PRIMARY KEY (Sno,Cno)
  );
```

7.3.2 参照完整性规则

在第 2 章 2.4.3 小节中已经讲解了什么是参照完整性规则,即如果某个属性或属性组 F 是其基本关系 R 的外码,且它与基本关系 S 的主码相对应(基本关系 R 和 S 可以相同,也可以不同),那么对于 R 中每个元组在 F 上的值要么取空值(F 的每个属性值都为空值),要么等于 S 中某个元组的主码值。

关系模型的参照完整性在 CREATE TABLE 中的 FOREIGN KEY 短语定义哪些列作为外码,用 REFERENCES 短语指明这些外码参照哪些表的主码。

例 3 关系 SC 中一个元组表示一个学生选修的某门课程的成绩,(Sno,Cno)是主码。Sno,Cno 分别是参照引用 Student 表的主码和 Course 表的主码。

```
CREATE TABLE  SC
    (Sno   CHAR(9),
    Cno   CHAR(4),
    Grade INT,
    PRIMARY KEY (Sno,Cno),
    FOREIGN KEY (Sno) REFERENCES Student(Sno),
    FOREIGN KEY (Cno) REFERENCES Course(Cno)
    );
```

7.3.3 用户自定义的完整性规则

在第2章2.4.4小节中已经讲解了什么是用户自定义的完整性,即针对某一具体关系型数据库的约束规则,反映的是某一具体应用所涉及的数据必须满足的语义要求。

目前,RDBMS都提供了定义和检验这类完整性的机制,使用了和实体完整性、参照完整性相同的技术和方法来处理它们,而不必由应用程序承担这一功能。

7.3.4 完整性检查

完整性检查,是DBMS用来检查数据是否满足完整性约束条件的一种机制。完整性约束条件是完整性检查机制的核心。在关系数据库系统中,完整性约束条件可以作用的对象有三类:关系、元组和列。

- 关系的约束:是指若干元组间、关系集合上以及关系之间的联系的约束。
- 元组的约束:是指元组中各个字段之间的联系的约束。
- 列的约束:是指列的类型、取值范围、精度、排序等方面的约束。

这三种类型的约束可以是静态约束,也可以是动态约束。

- 静态约束:是指数据库每一确定状态时的数据对象所应满足的约束条件,它是反映数据库状态合理性的约束。
- 动态约束:是指数据库从一种状态转换为另外一种状态时,新、旧值之间所应满足的约束条件,它是反映数据库状态变迁时所应遵守的约束。

结合上述两个方面,可以将数据库的完整性约束条件归为六类:

(1)静态关系约束:是指在一个关系的各个元组之间或若干个关系之间存在的各种联系或约束。

(2)静态元组约束:是指元组的各个列之间的约束关系。

(3)静态列级约束:是对一个列的取值域的约束,主要包含对数据类型、数据格式、取值范围、空值等方面的约束。

(4)动态关系约束:是指加在关系变化前后状态上的约束条件。

(5)动态元组约束:是指在修改元组的值时,元组中各个字段之间需要满足的约束条件。

(6)动态列级约束:是指修改列定义或列值时需要满足的约束条件。

7.4 完整性控制机制

数据库管理系统的完整性控制机制,应具备3个方面的功能。

7.4.1 定义功能

提供定义完整性约束条件的机制。完整性约束条件包含6大类,约束条件可能很简单,也可能很复杂。一个好的完整性控制机制应允许用户定义所有这6类完整性约束条件。

7.4.2 检查功能

检查用户发出的操作请求是否违背完整性约束条件。检查是否违背完整性约束通常是在一条语句执行完后立即检查，称立即执行约束。当完整性检查需延迟到事务执行结束后再进行，检查正确后才允许提交，称延迟执行约束。

7.4.3　防范功能

如果发现用户的操作请求使数据违背了完整性约束条件，系统会采取一定的动作来保证数据的完整性。一般而言，系统会拒绝该操作。但对于延迟执行的约束，系统将拒绝整个事务，使数据库恢复到该事务执行前的状态。

关系模型的3大完整性约束条件：实体完整性、参照完整性和用户定义的完整性中，最重要的是实体完整性和参照完整性，它们是关系模型必须满足的完整性约束条件，被称为关系的两个不变性，且应由关系系统自动支持。其他的完整性约束条件都可以归为用户定义的完整性。

下面详细介绍实现参照完整性应注意的4个方面。

(1)外键空值问题

在外键取空值问题上，存在两种情况：

- 如果参照关系的外键是主键的组成部分，则根据实体完整性规则，此时外键值不允许取空值。
- 如果参照关系的外键不是主键的组成部分，则可以根据具体的语义环境确定外键值是否允许空值。

(2)被参照关系中删除元组问题

- 级联删除

将参照关系中所有外码值与被参照关系中要删除元组主码值相同的元组一起删除。

- 受限删除

只有当参照关系中没有任何元组的外码值与被参照关系中要删除元组的主码值相同时，系统才执行删除操作，否则拒绝。

- 置空值删除

删除被参照关系的元组，并将参照关系中相应元组的外码值置空值。

(3)参照关系中插入元组问题

- 受限插入

只有在被参照关系中存在相应的元组，且其主码值与参照关系插入元组的外码值相同时，系统才执行插入操作，否则拒绝。

- 递归插入

先向被参照关系中插入相应的元组，其主码值等于参照关系插入元组的外码值，再向参照关系插入元组。

(4)关系中主键值修改问题

- 不允许修改主键

在有的RDBMS中，不允许修改关系中的主键。若要修改主键，只能先删除该元组，再把具有新主键值的元组插入到关系中。

● 允许修改主键

在有的 RDBMS 中，允许修改关系主键，但必须保证主键的唯一性和非空，否则拒绝修改。当修改的关系是被参照关系时，还必须检查参照关系，是否存在这样的元组，其外码值等于被参照关系要修改的主键值。当修改的关系是参照关系时，还必须检查被参照关系，是否存在这样的元组，其主键值等于被参照关系要修改的外码值。

本章小结

在数据库的保护中，数据库的安全性和完整性是其中两个非常重要的内容。数据库的安全性可以避免数据库被非法用户进行非法操作。而数据库的完整性则保证了数据库中数据是正确有效的，是符合实际语义的。

本章详细介绍了数据库安全性和完整性的基本概念、实现数据库安全性和完整性的常用技术和方法。在数据库的安全性机制中，重点介绍了身份标识与鉴别、存取控制、视图机制、审计和数据加密等方法。其中，最重要的是存取控制技术和审计技术。在数据库的完整性机制中，详细介绍了完整性约束定义机制、完整性检查机制和违背完整性约束条件时系统应采取的行动等。需要注意的是，不同的数据库对完整性的支持策略和支持程度是不同的。

练习题

1. 什么是数据库的安全性？
2. 什么是数据库的完整性？
3. 数据库的安全性和完整性有什么联系和区别？
4. 实现数据库安全性的常用方法和技术有哪些？
5. 请解释 DAC 和 MAC 的含义。
6. 为什么强制性存取控制方法可以提高数据库的安全性级别？
7. 试述数据库的审计功能。
8. 数据库的完整性约束条件有哪几类？
9. 数据库的完整性控制机制应具备哪几个功能？
10. 在关系型数据库系统中，当用户的操作违背了数据库的实体完整性、参照完整性和用户定义的完整性时，系统分别是如何处理的？

第八章　数据库恢复技术

本书第六章已经讲解事务。事务是一系列的数据库操作，是数据库应用程序的基本逻辑单元。事务处理技术主要包括数据库恢复技术和并发控制技术。同时，数据库恢复机制和并发控制机制是数据库管理系统的重要组成部分。在第六章已经讲解开发控制，所以，本章讲解数据库恢复的概念和常用技术。

8.1　数据库恢复概述

尽管数据库系统中采取了各种保护措施来防止数据库的安全性和完整性被破坏，保证并发事务的正确执行，但是计算机系统中硬件的故障、软件的错误、操作员的失误以及恶意的破坏仍是不可避免的，这些故障轻则造成运行事务非正常中断，影响数据库中数据的正确性，重则破坏数据库，使数据库中全部或部分数据丢失。

因此，数据库管理系统必须具有把数据库从错误状态恢复到某一已知的正确状态（亦称为一致状态或完整状态）的功能，这就是**数据库的恢复**。恢复子系统是数据库管理系统的一个重要组成部分，而且还相当庞大，常常占整个系统代码的百分之十以上。数据库系统所采用的恢复技术是否行之有效，不仅对系统的可靠程度起着决定性作用，而且对系统的运行效率也有很大影响，是衡量系统性能优劣的重要指标。

8.2　故障的种类

数据库系统中可能发生各种各样的故障，大致可以分以下几类：

8.2.1　事务内部的故障

事务内部的故障有的是可以通过事务程序本身发现的（见下面转账事务的例子），有的是非预期的，不能由事务程序处理的。

例如，银行转账事务，这个事务把一笔金额从一个账户甲转给另一个账户乙。

```
BEGIN TRANSACTION
读账户甲的金额 BALANCE；
BALANCE＝BALANCE－AMOUNT；（AMOUNT 为转账金额）
IF(BALANCE＜0)THEN
```

```
{打印'金额不足,不能转账';
ROLLBACK;(撤销刚才的修改,恢复事务)}
ELSE
{读账户乙的金额 BALANCE1;
BALANCE1=BALANCE1+AMOUNT;
写回 BALANCE1;
COMMIT;}
```

这个例子所包含的两个更新操作要么全部完成要不全部不做。否则就会使数据库处于不一致状态,例如只把账户甲的余额减少了而没有把账户乙的余额增加。

在这段程序中若产生账户甲余额不足的情况,应用程序可以发现并让事务滚回,撤销已作的修改,恢复数据库到正确状态。

事务内部更多的故障是非预期的,是不能由应用程序处理的。如运算溢出、并发事务发生死锁而被选中撤销该事务、违反了某些完整性限制等。以后,事务故障仅指这类非预期的故障。

事务故障意味着事务没有达到预期的终点(COMMIT 或者显式的 ROLLBACK),因此,数据库可能处于不正确的状态。恢复程序要在不影响其他事务运行的情况下,强行回滚(ROLLBACK)该事务,即撤销该事务已经作出的任何对数据库的修改,使得该事务好像根本没有启动一样。

这类恢复操作称为事务撤销(UNDO)。

8.2.2 系统故障

系统故障,是指造成系统停止运转的任何事件,使得系统要重新启动。例如,特定类型的硬件错误(CPU 故障)、操作系统故障、DBMS 代码错误、系统断电等。这类故障影响正在运行的所有事务,但不破坏数据。这时主存内容,尤其是数据库缓冲区(在内存)中的内容都被丢失,所有运行事务都非正常终止。发生系统故障时,一些尚未完成的事务的结果可能已送入物理数据库,从而造成数据库可能处于不正确的状态,为保证数据一致性,需要消除这些事务对数据库的所有修改。

恢复子系统必须在系统重新启动时让所有非正常终止的事务回滚,强行撤销(UNDO)所有未完成事务。

另一方面,发生系统故障时,有些已完成的事务可能有一部分甚至全部留在缓冲区,尚未写回到磁盘上的物理数据库中、系统故障使得这些事务对数据库的修改部分或全部丢失,这也会使数据库处于不一致状态,因此应将这些事务已提交的结果重新写入数据库。所以系统重新启动后,恢复子系统除需要撤销所有未完成的事务外,还需要重做(REDO)所有已提交的事务,以将数据库真正恢复到一致状态。

8.2.3 介质故障

系统故障常称为软故障(Soft Crash),介质故障称为硬故障(Hard Crash)。硬故障指外存故障,如磁盘损坏、磁头碰撞,瞬时强磁场干扰等。这类故障将破坏数据库或者部分数据库,并影响正在存取这部分数据的所有事务。这类故障比前两类故障发生的可能性小得多,但破坏性最大。

8.2.4 计算机病毒

计算机病毒是一种人为的故障或破坏，或是一些恶作剧者研制的一种计算机程序。这种程序与其他程序不同，它像微生物学所称的病毒一样可以繁殖和传播，并造成对计算机系统包括数据库的危害。

病毒的种类很多，不同病毒有不同的特征。小的病毒只有20条指令，不到50B。大的病毒像一个操作系统，由上万条指令组成。

有的病毒传播很快，一旦侵入系统就马上摧毁系统；有的病毒有较长的潜伏期，机器在感染后数天或数月才开始发作；有的病毒感染系统所有的程序和数据；有的只对某些特定的程序和数据感兴趣。多数病毒一开始并不摧毁整个计算机系统，它们只在数据库中或其他数据文件中将小数点向左或向右移一移，增加或删除一两个“0”。

计算机病毒已成为计算机系统的主要威胁，自然也是数据库系统的主要威胁。为此，计算机的安全工作者已研制了许多预防病毒的“疫苗”，检查、诊断、消灭计算机病毒的软件也在不断发展。但是，至今还没有一种可以使计算机“终生”免疫的疫苗。因此数据库一旦被破坏仍要用恢复技术把数据库恢复。

总结各类故障，对数据库的影响有两种可能性。一是数据库本身被破坏。二是数据库没有被破坏，但数据可能不正确，这是由于事务的运行被非正常终止造成的。

恢复的基本原理十分简单。可以用一个词来概括：冗余。这就是说，数据库中任何一部分被破坏的或者不正确的数据可以根据存储在系统别处的冗余数据来重建。尽管恢复的基本原理很简单，但实现技术的细节却相当复杂，下面略去一些细节，介绍数据库恢复的实现技术。

8.3 恢复的实现技术

恢复机制涉及的两个关键问题，分别是：

第一，如何建立冗余数据；

第二，如何利用这些冗余数据实施数据库恢复。

建立冗余数据最常用的技术是数据转储和登录日志文件。通常在一个数据库系统中，这两种方法是一起使用的。

8.4.1 数据转储

数据转储，是数据库恢复采用的基本技术。所谓转储，即DBA定期地将整个数据库复制到磁带或另一个磁盘上保存起来的过程。这些备用的数据称为后备副本或后援副本。

当数据库遭到破坏后可以将后备副本重新装入，但重装后备副本只能将数据库恢复到转储时的状态，要想恢复到故障发生时的状态，必须重新运行自转储以后的所有更新事务。例如，在图8-1中，系统在Ta时刻停止运行事务，进行数据库转储，在Tb时刻转储完毕，得到Tb时刻的数据库一致性副本。系统运行到Tf时刻发生故障。为恢复数据库，首先由

DBA 重装数据库后备副本，将数据库恢复至 Tb 时刻的状态，然后重新运行自 Tb～Tf 时刻的所有更新事务，这样就把数据库恢复到故障发生前的一致状态。

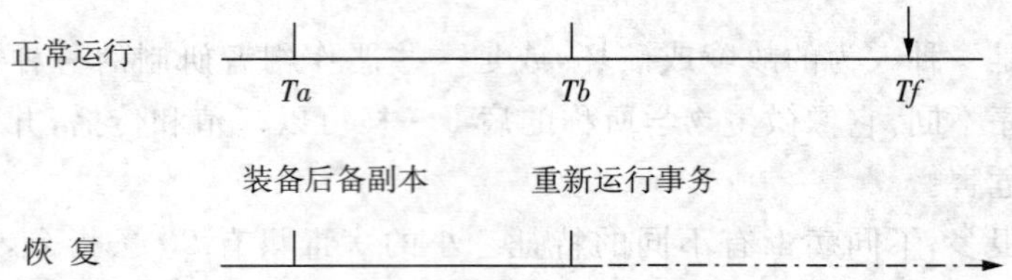

图 8-1　转储和恢复

转储是十分耗费时间和资源的，不能频繁进行。DBA 应该根据数据库使用情况确定一个适当的转储周期。

转储可分为静态转储和动态转储。

● 静态转储，是在系统中无运行事务时进行的转储操作。即转储操作开始的时刻，数据库处于一致性状态，而转储期间不允许(或不存在)对数据库的任何存取、修改活动。显然，静态转储得到的一定是一个数据一致性的副本。

静态转储简单，但转储必须等待正运行的用户事务结束才能进行。同样，新的事务必须等待转储结束才能执行。显然，这会降低数据库的可用性。

● 动态转储，是指转储期间允许对数据库进行存取或修改。即转储和用户事务可以并发执行。

动态转储可以克服静态转储的缺点，它不用等待正在运行的用户事务结束，也不会影响新事务的运行。但是，转储结束时后援副本上的数据并不能保证正确有效。例如，在转储期间的某个时刻 Tc，系统把数据 $A=100$ 转储到磁带上，而在下一时刻 Td，某一事务将 A 改为 200。转储结束后，后备副本上的 A 已是过时的数据了。

为此，必须把转储期间各事务对数据库的修改活动登记下来，建立日志文件(log file)。这样，后援副本加上日志文件就能把数据库恢复到某一时刻的正确状态。

转储还可以分为海量转储和增量转储两种方式。

● 海量转储，是指每次转储全部数据库。

● 增量转储则指每次只转储上一次转储后更新过的数据。

从恢复角度看，使用海量转储得到的后备副本进行恢复一般说来会更方便些。但如果数据库很大，事务处理又十分频繁，则增量转储方式更实用更有效。

数据转储有两种方式，分别可以在两种状态下进行，因此数据转储方法可以分为四类：动态海量转储、动态增量转储、静态海量转储和静态增量转储，如表 8-1 所示。

表 8-1　数据转储分类

	转储状态		
	动态转储	静态转储	
转储方式	海量转储	动态海量转储	静态海量转储
	增量转储	动态增量转储	静态增量转储

8.4.2　登录日志文件

一、日志文件的格式和内容

日志文件是用来记录事务对数据库的更新操作的文件。不同数据库系统采用的日志文件格式并不完全一样。概括起来，日志文件主要有两种格式：以记录为单位的日志文件和以数据块为单位的日志文件。

对于以记录为单位的日志文件，日志文件中需要登记的内容包括：

- 各个事务的开始(BEGIN TRANSACTION)标记；
- 各个事务的结束(COMMIT 或 ROLLBACK)标记；
- 各个事务的所有更新操作。

这里每个事务开始的标记、每个事务的结束标记和每个更新操作均作为日志文件中的一个日志记录(log record)。

每个日志记录的内容主要包括：

- 事务标识(标明是哪个事务)；
- 操作的类型(插入、删除或修改)；
- 操作对象(记录内部标识)；
- 更新前数据的旧值(对插入操作而言，此项为空值)；
- 更新后数据的新值(对删除操作而言，此项为空值)。

对于以数据块为单位的日志文件，日志记录的内容包括事务标识和被更新的数据块。由于将更新前的整个块和更新后的整个块都放入日志文件中，操作的类型和操作对象等信息就不必放入日志记录中。

二、日志文件的作用

日志文件在数据库恢复中起着非常重要的作用。可以用来进行事务故障恢复和系统故障恢复，并协助后备副本进行介质故障恢复。具体作用包括以下 3 点：

(1)事务故障恢复和系统故障恢复必须用日志文件。

(2)在动态转储方式中必须建立日志文件，后备副本和日志文件结合起来才能有效地恢复数据库。

(3)在静态转储方式中，也可以建立日志文件。当数据库毁坏后可重新装入后援副本把数据库恢复到转储结束时刻的正确状态，然后利用日志文件，把已完成的事务进行重做处理，对故障发生时尚未完成的事务进行撤销处理。这样不必要重新运行那些已完成的事务程序就可把数据库恢复到故障前某一时刻的正确状态，如图 8－2 所示。

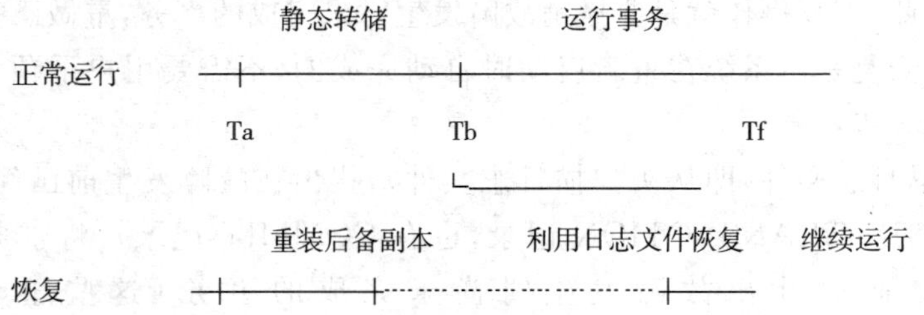

图 8－2　利用日志文件恢复

三、登录日志文件

为保证数据库是可恢复的，登记日志文件时必须遵循两条原则：

(1)登记的次序严格按并发事务执行的时间次序；

(2)必须先写日志文件，后写数据库。

原因：把对数据的修改写到数据库中和把表示这个修改的日志记录写到日志文件中是两个不同的操作。有可能在这两个操作之间发生故障，即这两个写操作只完成了一个。如果先写数据库修改，而在运行记录中没有登记这个修改，则以后就无法恢复这个修改了。如果先写日志，但没有修改数据库，按日志文件回复时只不过是多执行一次不必要的 UNDO 操作，并不会影响数据库的正确性。所以为了安全，一定要先写日志文件，即首先把日志记录写到日志文件中，然后写数据库的修改。这就是“先写日志文件”的原则。

8.4 恢复策略

当系统运行过程中发生故障，利用数据库后备副本和日志文件就可以将数据库恢复到故障前的某个一致性状态。不同故障其恢复策略和方法也不一样。

8.4.1 事务故障的恢复

事务故障是指事务在运行至正常终止点前被终止，这时恢复子系统应利用日志文件撤销(UNDO)此事务已对数据库进行的修改。事务故障的恢复是有系统自动完成的，对用户是透明的，系统的恢复基本步骤包括以下 4 步：

(1)反向扫描日志文件(即从最后向前扫描日志文件)，查找该事务的更新操作。

(2)对该事务的更新操作执行逆操作。即将日志记录中“更新前的值”写入数据库。这样，如果记录中是插入操作，则相当于做删除操作(因此时“更新前的值”为空)；若记录中是删除操作，则做插入操作；若是修改操作，则相当于用修改前值代替修改后值。

(3)继续反向扫描日志文件，查找该事务的其他更新操作，并做同样处理。

(4)如此处理下去，直至读到此事务的开始标记，事务故障恢复就完成了。

8.4.2 系统故障的恢复

前面已讲过，系统故障造成数据库不一致状态的原因有两个：一是，未完成事务对数据库的更新可能已写入数据库；二是，已提交事务对数据库的更新可能还留在缓冲区没来得及写入数据库。因此，恢复操作就是要撤销故障发生时未完成的事务，重做已完成的事务。

系统故障的恢复是由系统在重新启动时自动完成的，不需要用户干预。系统的恢复基本步骤包括以下 3 步：

(1)正向扫描日志文件(即从头扫描日志文件)，找出在故障发生前已经提交的事务(这些事务既有 BEGIN TRANSACTION 记录，也有 COMMIT 记录)，将事务标示记入重做(REDO)队列。同时找出故障发生时尚未完成的事务(这些事务只有 BEGIN TRANSACTION 记录，无相应的 COMMIT 记录)，将其事务标示记入撤销队列。

(2)对撤销队列中的各个事务进行撤销(UNDO)处理。

进行 UNDO 处理的方法是,反向扫描日志文件,对每个 UNDO 事务的更新操作执行逆操作,即将日志记录中"更新前的值"写入数据库。

(3)对重做队列中的各个事务进行重做(REDO)处理。

进行 REDO 处理的方法是:正向扫描日志文件,对每个 REDO 事务重新执行日志文件登记的操作,即将日志记录中"更新后的值"写入数据库。

8.4.3 介质故障的恢复

发生介质故障后,磁盘上的物理数据和日志文件被破坏,这是最严重的一种故障,恢复方法是重装数据库,然后重做已完成的事务。恢复的基本步骤包括以下 3 步:

(1)装入最新的数据库后备副本(离故障发生时刻最近的转储副本),使数据库恢复到最后一次转储时的一致性状态。

对于动态转储的数据库副本,还需同时转入转储开始时刻的日志文件副本,利用恢复系统故障的方法(即 REDO+UNDO),才能将数据库恢复到一致性状态。

(2)装入相应的日志文件副本(转储结束时刻的日志文件副本),重做已完成的事务。即首先扫描日志文件,找出故障发生时已提交的事务的标识,将其记入重做队列,然后正向扫描日志文件,对重做队列中的所有事务进行重做处理。即将日志文件记录中"更新后的值"写入数据库。

这样就可以将数据库恢复至故障前某一时刻的一致性状态了

介质故障的恢复需要 DBA 介入,但 DBA 只需重装最近转储的数据库副本和有关的日志文件副本,然后执行系统提供的恢复命令即可,具体的恢复操作仍由 DBMS 完成。

8.5 具有检查点的恢复技术

利用日志技术进行数据库恢复时,恢复子系统必须搜索日志,确定哪些事务需要 REDO,哪些事务需要 UNDO。一般来说,需要检查所有日志记录。这样做具有两个问题:一是,搜索整个日志将耗费大量的时间;二是,很多需要 REDO 处理的事务实际上已经将它们的更多操作结果写到数据库中了,然而恢复子系统又重新执行了这些操作,浪费了大量时间。

为了解决这些问题,又发展了具有检查点的恢复技术。这种技术在日志文件中增加一类新的记录——检查点记录,增加了一个重新开始文件,并让恢复子系统在登录日志文件期间动态地维护日志。

检查点记录的内容包括:

① 建立检查点时刻所有正在执行的事务清单;

② 这些事务最近一个日志记录的地址。

重新开始文件用来记录各个检查点记录在日志文件中的地址。图 8-3 说明了建立检查点 C_1 时对应的日志文件和重新开始文件。

动态维护日志文件的方法是，周期性地执行如下操作：建立检查点，保存数据库状态。具体步骤是：

① 将当前日志缓冲区中的所有日志记录写入磁盘的日志文件上；

② 在日志文件中写入一个检查点记录；

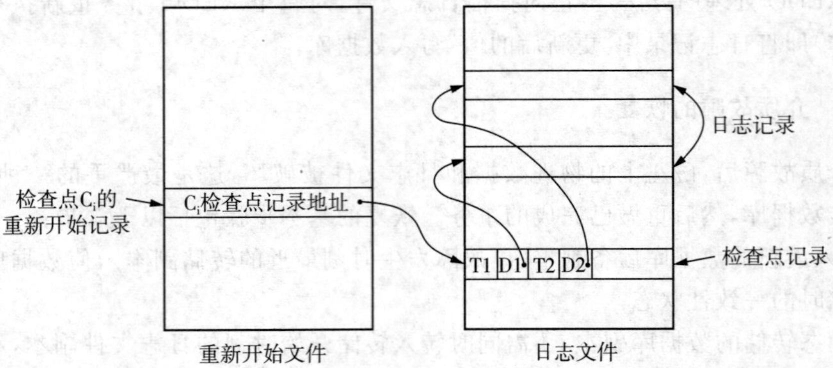

图 8-3　具有检查点的日志文件和重新开始文件

③ 将当前数据缓冲区的所有数据记录写入磁盘的数据库中；

④ 把检查点记录在日志文件中的地址写入一个重新开始文件。

恢复子系统可以定期或不定期地建立检查点保存数据库状态。检查点可以按照预定的一个时间间隔建立，如每隔一个小时建立一个检查点；也可以按照某种规则建立检查点，如日志文件已写满一半建立检查点。

使用检查点方法可以改善恢复效率。当事务 T 在一个检查点之前提交，T 对数据库所做的修改一定都已写入数据库，写入时间是在这个检查点建立之前或在这个检查点建立之时。这样，在进行恢复处理时没有必要对事务 T 执行 REDO 操作。

系统出现故障时，恢复子系统将根据事务的不同状态采取不同的恢复策略，如图 8-4 所示。

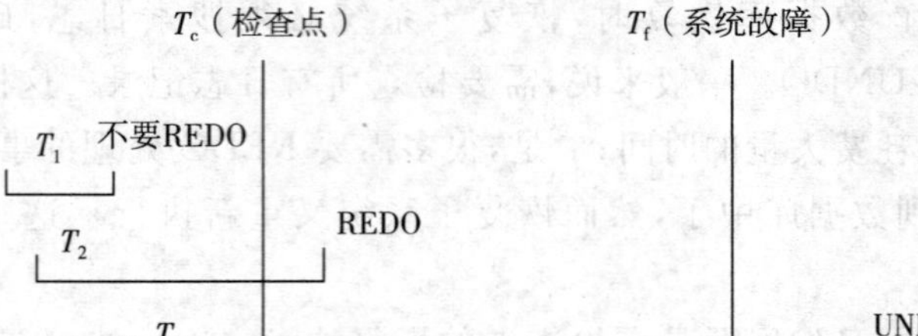

图 8-4　恢复子系统采取的不同策略

T_1：在检查点之前提交；

T_2：在检查点之前开始执行，在检查点之后故障点之前提交；

T_3：在检查点之前开始执行，在故障点时还未完成；

T_4：在检查点之后开始执行，在故障点之前提交；

T_5：在检查点之后开始执行，在故障点时还未完成；

T_3和 T_5在故障发生时还未完成，所以予以撤销；T_2和 T_4在检查点之后才提交，它们对数据库所做的修改在故障发生时可能还在缓冲区，尚未写入数据库，所以要 REDO；T_1在检查点之前已提交，所以不必执行 REDO 操作。

系统使用检查点方法进行恢复的步骤：

① 从重新开始文件中找到最后一个检查点记录在日志文件中的地址，由该地址在日志文件中找到最后一个检查点记录。

② 由该检查点记录得到检查点建立时刻所有正在执行的事务清单 ACTIVE－LIST。这里建立两个事务队列：

- UNDO－LIST：需要执行 undo 操作的事务集合；
- REDO－LIST：需要执行 redo 操作的事务集合。

把 ACTIVE－LIST 暂时放入 UNDO－LIST 队列，REDO 队列暂为空。

③ 从检查点开始正向扫描日志文件。

- 如有新开始的事务 T，把 T 暂时放入 UNDO－LIST 队列；
- 如有提交的事务 T_J，把 T_J从 UNDO－LIST 队列移到 REDO－LIST 队列；直到日志文件结束。

④ 对 UNDO－LIST 中的每个事务执行 UNDO 操作，对 REDO－LIST 中的每个事务执行 REDO 操作。

8.6 数据库镜像

根据前面所述，介质故障是对系统影响最为严重的一种故障。系统出现介质故障后，用户应用全部中断，恢复起来也比较费时。而且 DBA 必须周期性地转储数据库，这也加重了 DBA 的负担。如果不及时而正确地转储数据库，一旦发生介质故障，会造成较大的损失。

随着磁盘容量越来越大，价格越来越便宜，为避免磁盘介质出现故障影响数据库的可用性，许多数据库管理系统提供了数据库镜像（Mirror）功能用于数据库的恢复，即根据 DBA 的要求，自动把整个数据库或其中的关键数据复制到另一个磁盘上，每当主数据库更新时，DBMS 自动把更新后的数据复制过去，即 DBMS 自动保证镜像数据与主数据库的一致性，如图 8－5(a)所示。这样，一旦出现介质故障，可由镜像磁盘继续使用，同时 DBMS 自动利用镜像数据进行数据库的恢复，不需要关闭系统和重装数据库副本，如图 8－5(b)所示。在没有出现故障时，数据库镜像还可以用于并发操作，即当一个用户数据加排它锁修改数据时，其他用户可以读镜像数据库中的数据，而不必等待该用户释放锁。

由于数据库镜像是通过复制数据实现的，频繁地复制数据自然地会降低系统运行效率，因此在实际应用中用户往往只选择对关键数据和日志文件镜像，而不是对整个数据库进行镜像。

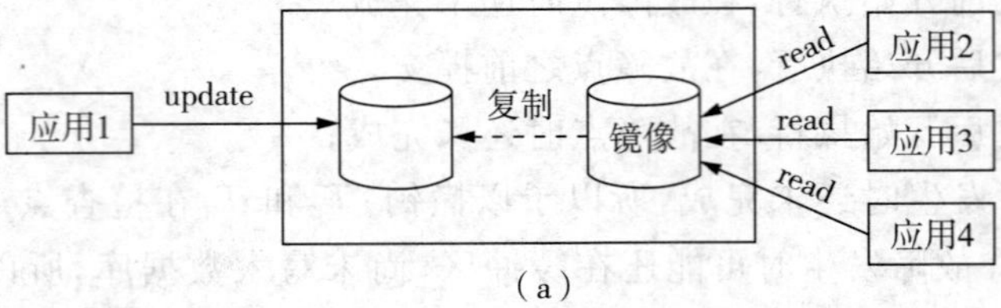

（a）

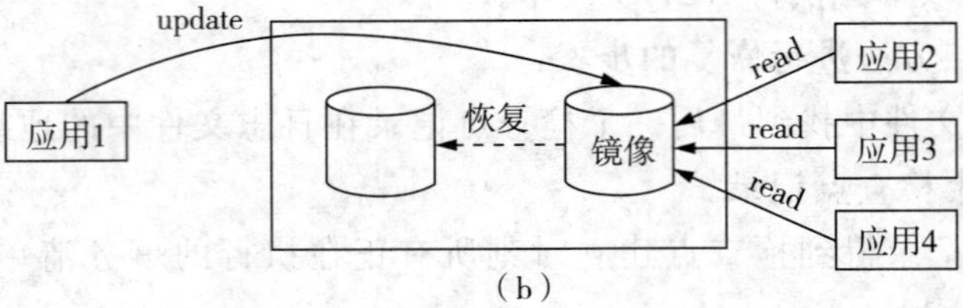

（b）

图 8－5　数据库镜像

本章小结

保证数据一致性是对数据库的最基本的要求。为了保证事务的原子性、一致性于持续性，DBMS 必须对事务故障、系统故障和介质故障进行恢复。数据库转储和登记日志文件是恢复中最经常使用的技术，恢复的基本原理就是利用存储在后备副本。日志文件和数据库镜像中的冗余数据来重建数据库。

练习题

1. 数据库中为什么要有恢复于系统？它的功能是什么？

2. 数据库运行中可能产生的故障有哪儿类？哪些故障影响事务的正常执行？哪些故障破坏数据库数据？

3. 数据库恢复的基本技术有哪些？

4. 数据库转储的意义是什么？试比较各种数录转储方法？

5. 什么是日志文件？为什么设立日志文件？

6. 登记日志文件时为什么必须先写日志文件，后写数据库？

7. 针对不同的故障，试给出恢复的策略和方法(即如何进行事务故障的恢复？系统故障的恢复？介质故障恢复?)

8. 什么是检查点记录？检查点记录包括哪些内容？

9. 具有检查点的恢复技术有什么优点？试举一个具体的例子加以说明。

10. 试述使用检查点方法进行恢复的步骤。

11. 什么是数据库镜像？它有什么用途？

12. 试述你了解的某一个实际的 DBMS 产品中采用的恢复策略。

13. 试用恢复的基本技术设计一个恢复子系统,给出这个子系统的恢复策略,包括:

(a)当产生某一类故障时如何快复数据库的方法;

(b)日志文件的结构;

(c)登记日志文件的方法;

(d)利用日志文件恢复事务的方法;

(e)转储的类型;

(f)转储的后备副本和日志文件如何配合使用。

第九章　数据库技术新发展

本章第一部分以数据模型、数据库应用、数据库管理系统开发技术3个方面为主线概述数据库的发展历程，展示数据库学科在理论、应用、系统开发等研究和应用领域的主要内容与发展方向。其目的在于提供一个宏观的、总体的数据库学科的视图，使读者既能了解数据库的新进展又能了解数据库技术的发展过程，既能了解新的数据库分支的基本内容，又能了解这些分支之间的相互联系。

本章第二部分简单给出当前数据技术的发展趋势和若干热门的研究课题。

9.1　数据库技术发展概述

数据库技术从“理论研究”到“原型开发和技术攻关”，再到“实际产品研制和应用”，已经形成良性循环，成为计算机领域的成功典范。吸引了学术界和工业界众多的科技人员，使得数据库研究日新月异，新技术、新系统层出不穷，科技队伍也不断壮大。

数据库技术产生于20世纪60年代中期，到今天为止已经有50多年的历史，却已经历了3代演变，造就了C. W. Bachman、E. F. Codd和James Gray三位图灵奖得主，发展了以数据建模和DBMS核心技术为主，内容丰富的一门学科，带动了一个巨大的软件产业——DBMS产品及其相关工具和解决方案。

数据库技术是计算机科学技术中发展最快的领域之一，也是应用最广的技术之一。目前，它已成为计算机信息系统与应用系统的核心技术和重要基础。

当今，数据库系统是一个大家族，数据模型丰富多样，新技术内容也层出不穷，应用领域日益广泛，当读者步入数据库领域时，面对众多复杂的数据库系统难免产生迷惑和混乱。

图9-1通过一个三维空间的视图从数据模型、新技术内容和应用领域3个方面，描述了数据库系统的发展、特点和相互关系。

数据模型是数据库系统的核心和基础。按照数据模型的进展，数据库技术可以相应地分为3个发展阶段，即第一代的网状、层次数据库系统，第二代的关系数据库系统，以及发展到今天以第三代数据库系统为核心的数据库大家族。

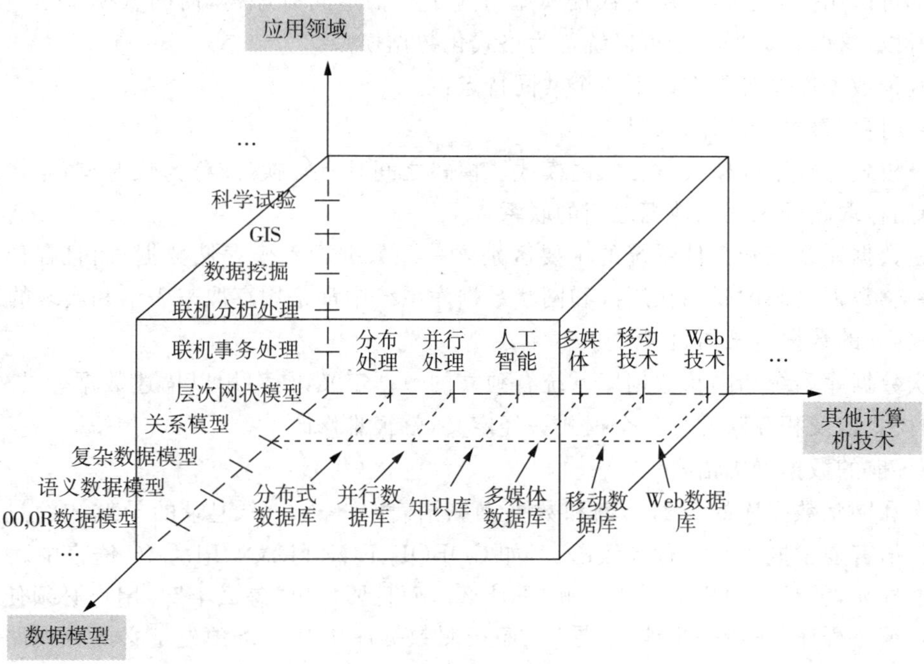

图 9-1　数据库系统的发展和相互关系示意图

9.2　数据库发展的 3 个阶段

虽然数据库系统模型分为层次模型和网状模型，但实质上层次模型是网状模型的特例，它们都是格式化模型。它们从体系结构、数据库语言到数据存储管理均具有共同特征，是第一代数据库系统。

9.2.1　第一代数据库系统

第一代数据库系统指层次模型和网状数据库系统，其代表系统是：

- 1969 年由 IBM 公司研制的层次模型的数据库管理系统 IBM(Information Management System)
- 美国数据库系统语言协商会 CODASYL(Conference On Data System Language)下属的数据库任务组 DBTG(Data Base Task Group)DBTG 对数据库方法进行了系统的研究和探讨，于 20 世纪 60 年代末 70 年代初提出了若干报告，称为 DBTG 报告。DBTG 报告确定并建立了数据库系统的许多概念、方法和技术。DBTG 所提议的方法是基于网状结构的，它是数据库网状模型的典型代表。

可以说，层次数据库是数据库系统的先驱，而网状数据库则是数据库概念、方法、技术的奠基者。它们是数据库技术中研究得最早的两种数据库系统。两者的区分以数据模型作为基础：层次数据库的数据模型是分层结构的，而网状数据库的数据模型是网状的，它们的数据结构都可以用图来表示。层次数据模型对应于有根定向有序树，而网状模型对应的是有向图。所以，这两种数据模型可以统称为格式化数据模型。

这两种数据库系统具有以下 4 个共同特点：

(1)支持三级模式的体系结构

三级模式通常指外模式、模式、内模式。模式之间具有转换(或称为映射)功能。

(2)用存取路径来表示数据之间的联系

这是数据库系统和文件系统的主要区别之一。数据库不仅存储数据，而且存储数据之间的联系。数据之间的联系在层次和网状数据库系统中都是用存取来表示和实现的。

(3)独立的数据定义语言

层次数据库系统和网状数据库系统有独立的数据定义语言，用以描述数据库的外模式、模式、内模式以及相互映像。各个模式一经定义，就很难修改。

(4)导航的数据操纵语言

层次和网状数据库的数据查询和数据操纵语言是一次一个记录的导航式的过程化语言。这类语言通常嵌入某一种高级语言，如 COBOL、FORTRAN、PL/1、C 语言中。

所谓导航，就是指用户不仅要了解“干什么”，而且要指出“怎么干”。用户必须使用某种高级语言编写程序，一步一步地“引导”程序按照数据库中某一条预先定义的存取路径来访问数据库，最终达到要访问的数据目标。在访问数据库时，每次只能存取一条记录值。

导航式的数据操纵语言，优点是存取效率高，缺点是编程繁琐，给用户编写应用程序带来了困难。其设计在很大程度上依赖于设计者自己的经验和实践，因而只有具有计算机专业水平的应用程序员才能掌握和使用这类数据库操纵语言。此外，应用程序的可移植性较差，数据的逻辑独立性也较差。

9.2.2 第二代数据库系统

支持关系数据模型的关系数据库系统是第二代数据库系统。

1970 年，IBM 公司 San Jose 研究室的研究员 E. F. Codd 发表了题为《大型共享数据库数据的关系模型》论文，提出了数据库的关系模型，开创了数据库关系方法和关系数据理论的研究，为关系数据库技术奠定了理论基础。

20 世纪 70 年代是关系数据库理论研究和原型开发的时代。其中以 IBM San Jose 研究室开发的 System R 和 Berkeley 大学研制的 INGRES 为典型代表。这一年代，人们经过大量的高层次的研究和开发取得了一下几个方面的主要成果。

(1)奠定了关系模型的理论基础，给出了人们一致接受的关系模型的规范说明。

(2)研究了关系数据语言，包括关系代数、关系演算、SQL 及 QBE 等。这些描述性语言一改以往程序设计语言和网状、层次数据库系统中数据库语言的风格，以其易学易懂的优点得到了最终用户的喜爱，为 20 世纪 80 年代数据库语言的标准化打下了基础。

(3)研制了大量的 RDBMS 的原型，攻克了系统实现中查询优化、并发控制、故障恢复等一系列关键技术。这不仅大大丰富了 DBMS 实现技术和数据库理论，更促进了 RDBMS 产品的蓬勃发展与广泛应用。

在 20 世纪 70 年代，关系数据库系统从实验室走向了社会，因此，在计算机领域中有人把这一年代称为数据库时代。在接下来的20世纪80年代，几乎所有新开发的DBMS均是关系数据库。

关系数据库是以关系模型为基础的。关系模型概括地讲由以下3部分组成。

(1)数据结构

数据结构包括域及域上定义的关系等。关系模型中，实体、实体与实体之间的联系都通过关系这种单一的结构类型来表示。

(2)关系操作

关系操作的能力可用关系代数(或等价的关系演算)中并、交、差、广义笛卡尔积、选择、投影、连接、除等操作来表示。关系操作的特点是集合操作，无论是操作的对象还是操作的结果都是集合。这种操作方式被称为一次一集合(Set－at－a－Time)的方式，并非关系型的一次一记录(Record－at－a－Time)的方式对照。

(3)数据完整性

数据完整性，包括实体完整性、参照完整性以及与应用有关的完整性。

实体完整性和参照完整性是关系模型必须满足的完整性约束条件，应由关系数据库系统自动支持；与应用有关的完整性有用户定义，它是针对某一具体数据库的约束条件，由应用环境决定，关系数据库系统应提供定义和检验这类完整性的机制。

关系数据库系统支持关系模型。关系模型不仅简单、清晰，而且有关系代数作为语言模型，有关系数据理论作为理论基础。因此，关系数据库系统具有形式化基础好、数据独立性强、数据库语言非过程化等特色，标志着数据库技术已经发展到了第二代。

9.2.3　新一代数据库系统

第二代数据库系统的数据模型虽然描述了现实世界数据的结构和一些重要的相互联系，但是仍不能捕捉和表达数据对象所具有的丰富而重要的语义，因此只能属于语法模型。

第三代的数据库系统将以更丰富的数据模型和更强大的数据管理功能为特征，从而满足更加广泛复杂的新应用的要求。新一代数据库技术的研究和发展导致了众多不同于第一、二代数据库的系统诞生，构成了当今数据库系统的大家族。

这些新的数据库系统无论是基于扩展关系数据模型的(对象关系数据)，还是面向对象OO模型的，是分布式、客户/服务器还是混合式体系结构的，是在SMP还是在MPP并行机上运行的并行机数据库系统，乃至是用于某一领域(如工程、统计、GIS)的工程数据库、统计数据库、空间数据库等，都可以广泛地称之为新一代数据库系统。

尽管许多学者认为第三代数据库系统尚未成熟，但这并不妨碍人们来讨论和研究什么样的数据库系统可称之为第三代数据库系统。

1990年，高级DBMS功能委员会发表了《第三代数据库系统宣言》的文章(以下简称《宣言》)，提出了第三代DBMS应具有的3个基本特征(《宣言》中称为3条基本原则)。《宣言》从3个基本特征导出了13个具体的特征和功能(《宣言》称为13个命题)。

(1)第三代数据库系统应支持数据管理、对象管理和知识管理

除提供传统的数据管理服务外，第三代数据库系统将支持更加丰富的对象结构和规则，应该及数据管理、对象管理和知识管理为一体。

第三代数据库系统不像第二代关系数据库那样有一个统一的关系模型。但是，有一点应该是统一的，即无论该数据库系统支持何种复杂的、非传统的数据模型，它应该具有OO模型的基本特征。数据模型是划分数据库发展阶段的基本依据，因此第三代数据库系统应该是以支持面向对象数据模型为主要特征的数据库系统。但是，只支持OO模型的系统不能称为第三代数据库系统，第三代数据库系统还应具备其他特征。

(2)第三代数据库系统必须保持或继承第二代数据库系统的技术

这就是说必须保持第二代数据库系统的非过程化数据存取方式和数据独立性，第三代数据库系统应继承第二代数据库系统已有的技术。这不仅能很好的支持对象管理和规则管理，而且能更好地支持原有的数据管理，支持多数用户需要的即席查询等。

(3)第三代数据库系统必须对其他系统开放

数据库系统的开放性表现在：支持数据库语言标准，在网络上支持标准网络协议，系统具有良好的可移植性、可连接性、可扩展性和可操作性等。

9.3 数据库系统发展的特点

本节按照图9-1，从数据模型、新技术内容、应用领域三个方面来描述数据库系统发展的特点及其相互关系。

9.3.1 数据模型的发展

数据库的发展集中表现在数据模型的发展。从最初的层次、网状数据模型发展到关系数据模型，数据库技术产生了巨大的飞跃。关系模型的提出，是数据库发展史上具有划时代意义的重大事件。关系理论研究和关系数据库管理系统研制的巨大成功进一步促进了关系数据库的发展，使关系数据模型成为具有统治地位的数据模型。20世纪80年代之后，几乎所有的数据库系统都是关系的，它的应用遍布各个领域。

随着数据库应用领的扩展，数据对象的多样化，传统的关系数据模型开始暴露出许多弱点，如对复杂对象的表示能力较差，语义表达能力较弱，缺乏灵活丰富的建模能力，对文本、时间、空间、声音、图像和视频等数据类型的处理能力差等。为此，人们提出并发展了许多新的数据模型。这些尝试是沿着如下几个方向进行的。

(1)对传统的1NF关系模型扩充

对传统的关系模型(1NF)进行扩充，引入了少数构造器，使它能表达比较复杂的数据类型，增强其结构建模能力，这样的数据模型称为复杂数据模型。按照它们进行扩充的侧重点，复杂数据模型可分为两种。

一种是偏重于结构的扩充。首先出现的这类模型是嵌套关系模型(NF2)。它能表达“表中表”，并且表中的一个域可以是一个函数(称为虚域)。

另一种是侧重于语义的扩充，像U.C. Berkeley大学的POSTGRES系统。它支持关系之间的继承，也支持在关系上定义函数和运算符，但关系的结构仍然是一种平面表。“表中表”只能通过关系上定义的函数来模拟。

(2)提出新的数据模型

新的数据模型相比关系模型来说，增加了全新的数据构造器和数据处理原语，以表达复杂的结构和丰富的语义。这类模型中比较有代表性的是函数数据模型(FDM)、语义数据模型(SDM)、RM/T模型以及E－R模型等，常常统称它们为语义数据模型。它们的特点是引入了丰富的语义关联(如ISA、ISP)，能更自然、恰当地表达客观世界中实体间的联系。此外，由于拥有比较丰富的结构构造器(如TUPLE、LIST、SET等)，它们也具有了很强的结构表达能力。

也许是由于语义数据模型比较复杂，在程序设计语言和技术方面没有相应的支持，因此，它们都没有在数据库系统实现方面有重大的突破，只是作为数据库设计中概念建模的一种工具(如E－R模型)。

(3)面向对象的数据模型的提出

将上述语义数据模型和OO程序设计方法结合起来，我们提出了面向对象的数据模型。面向对象的数据模型吸收了面向对象程序设计方法学的核心概念和基本思想。一个面向对象数据模型是用面向对象观点来描述现实世界实体(对象)的逻辑组织、对象间限制、联系等的模型。一系列面向对象核心概念构成了面向对象数据模型的基础。

对象关系数据库系统是关系数据库系统与面向对象数据模型的结合。它保持了关系数据库的非过程化数据存取方式和数据独立性，继承了关系数据库系统已有的技术，支持原有的数据管理，又能支持OO模型和对象管理。

有关面向对象数据模型的核心概念以及对象关系数据系统，大家可以参考相关文献资料，这里不在叙述。

(4)XML数据模型

随着互联网的迅速发展，Web上各种半结构化、非结构化数据源已经成为重要的信息来源，XML已成为网上数据交换的标准和数据界的研究热点。人们研究和提出了多种XML数据模型，还没有公认的统一的XML数据模型。W3C已经提出的有：XML Information Set、Xpathl.0 Data Model、DOM model和XML Query Data Model。这四种模型都采用树型结构。在这些模型中，XML Query Data Model是较为完全的一种。当前，DBMS产品都扩展了对XML的处理、存储XML数据、支持XML和关系数据之间的相互转换，我们将在第16章介绍XML数据库。

9.3.2　数据库技术与其他相关技术相结合

数据库技术与其他学科的内容相结合，是数据库技术的一个显著特征，随之也涌现出以下各种新型的数据库系统，如图9－2所示。

- 数据库技术与分布处理技术相结合，出现了分布式数据库系统；
- 数据库技术与并行处理技术相结合，出现了并行数据库系统；
- 数据库技术与人工智能技术相结合，出现了知识库系统和主动数据库系统；
- 数据库技术与多媒体技术相结合，出现了多媒体数据库系统；
- 数据库技术与模糊技术相结合，出现了模糊数据库系统等；
- 数据库技术与移动通信技术相结合，出现了移动数据库系统等；

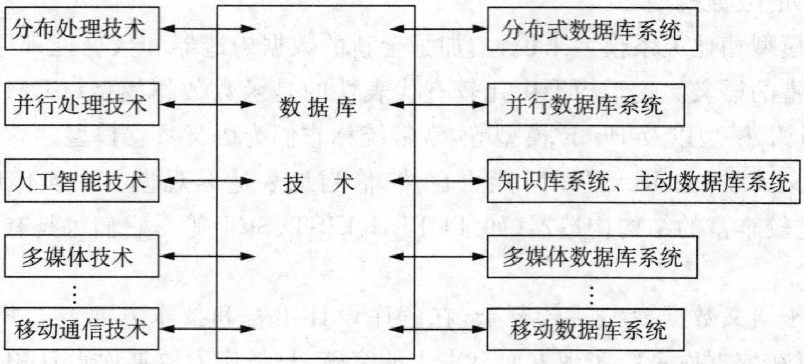

图 9-2　数据库技术与其他计算机技术的相互渗透

● 数据库技术与 Web 技术相结合，出现了 Web 数据库等。

这里仅仅举了 2 个例子，描述数据库技术如何吸收、结合其他计算机技术，从而形成了数据库领域新的分支和研究课题，极大地丰富和发展了数据库技术。

(1)并行数据库系统

并行数据库系统是在并行机上运行的具有处理能力的数据库系统，并行数据库系统是数据库技术与并行计算技术相结合的产物。

近十几年来，数据库应用已经从商业事务处理迅速拓展到诸如超大型规模数据库检索、数据仓库、OLAP 联机数据分析、数据挖掘等应用领域。这些应用领域的特点是数据量巨大(TB 甚至 PB 级)、查询计算复杂，对数据库系统的处理能力提出了非常高的要求，这些应用需求直接驱动了新一代高性能数据库系统——并行数据库系统的研制。

随着微处理机技术和磁盘阵列技术的进步，并行计算机的发展十分迅速，出现了像 Sequent、Tandem、Teradata 和曙光机这样一些商品化的并行计算机系统。这些系统使用数个、数十个、甚至成百上千个廉价的微处理机协同工作，大大提高了性价比；而且，更为吸引人的是，这些系统由于广泛地采用了磁盘阵列技术，增加了 I/O 的带宽，能有效地解决应用中的 I/O 瓶颈问题。

并行处理技术与数据库技术的结合，具有潜在的可行性。这是因为关系数据库是元组的集合，数据库操作实际是集合操作，许多情况下可分解为一系列对子集的操作，具有潜在的并行性。并行计算技术利用多处理机并行处理产生的规模效益来提高系统的整体性能，为数据库系统提供了一个良好的硬件平台，形成了并行处理技术与数据库技术相结合的并行数据库新技术。

并行数据库研究一直以三种并行计算结构为基础，它们是：

● 共享内存(主存储器)结构(Shared－Memory)(以下简称 SM 结构)；

● 共享磁盘结构(Shared－Disk)(以下简称 SD 结构)；

● 无共享资源结构(Shared－Nothing)(以下简称 SN 结构)。

自并行数据库的概念提出以来，国外的许多研究机构相继研制出了各种结构平台上的并行数据库原型系统，例如加州 Berkeley 大学的 XPRS 系统、Colorado 大学的 Volcano 系统、Wisconsin 大学的 Gamma 系统等。这些系统探讨了并行数据库理论和实践中的若干重要问题，为并行数据库的发展奠定了坚实的基础。与此同时，Teradata、Tandem 以及

Oracle、Sybase、Informix 等传统数据库厂商都正在或已经开发出自己的并行数据库系统。

国内中国人民大学、哈尔滨工业大学等单位开展了对并行数据库理论和系统实践技术的研究，开发了并行数据库管理系统。

(2)主动数据库

主动数据库(Active Data Base)是在传统数据库基础上，结合人工智能技术和面向对象技术产生的数据库新技术。

相对于传统数据库的被动性而言，许多实际的应用领域，如计算机集成制造系统、管理信息系统、办公室自动化系统中常常希望数据库系统在紧急情况下能根据数据库的当前状况，主动适时地做出反应，执行某些操作，向用户提供有关信息。传统数据库系统是被动的系统，它只能被动地按照用户给出的明确请求执行相应的数据库操作，很难充分适应这些应用的主动要求。主动数据库的主要目标是提供对紧急情况及时反应的能力。

主动数据库通常采用的方法是在传统数据库系统中嵌入 ECA，即事件—条件—动作规则，在某一事件发生时引发数据库管理系统去检测数据库当前状态，看是否满足设定的条件，若条件满足，便触发规定动作的执行。

为了有效地支持 ECA 规则，主动数据库的研究主要集中于解决以下问题。

① 主动数据库的数据模型和知识模型。即如何扩充传统的数据库模型，使之能描述、存储、管理规则，时应主动数据库的要求。

② 执行模型。即规则的处理和执行方式，是对传统数据库系统事务模型的发展和扩充。

③ 条件检测。是主动数据库系统实现的关键技术之一，由于条件复杂，如何高效地对条件求值对提高系统效率有很大的影响。

④ 事务调度。与传统数据库系统中的数据调度不同，它不仅要满足并发环境下的可串行化要求，而且要满足对食物时间方面的要求，研究对执行时间估计的代价模型。

⑤ 体系结构。目前，主动数据库的体系结构大多是在传统 DBMS 基础上，扩充事务管理部件和对象管理部件以支持执行模型和知识模型，并增加事件侦测部件、条件检测部件和规则管理部件。

⑥ 系统效率。系统效率是主动数据库研究中的一个重要问题，是设计各种算法和选择体系结构时应主要考虑的设计目标。

有关主动数据库的详细讨论，可参阅数据库丛书的《特种数据库》。

9.3.3 面向应用领域的数据库新技术

数据库技术被应用到特定的领域中，出现了数据仓库、工程数据库、统计数据库、空间数据库、科学数据库等多种数据库，如图 9-3 所示，使数据库领域的应用范围不断扩大。

这些数据库系统都明显地带有某一领域应用需求的特征。由于传统数据库系统具有局限性，无法直接使用当前 DBMS 市场上销售的通用的 DBMS 来管理和处理这些领域内的数据对象，因而广大数据库工作者针对各个领域的数据库特征探索和研制了各种特定的数据库系统，取得了丰硕的成果，不仅为这些应用领域建立了可供使用的数据库系统，有的以实用化，而且为新一代数据库技术的发展做出了贡献。这里仅仅举 2 个例子加以说明。

(1)工程数据库

工程数据库(Engineering Data Base)是一种能存储和管理各种工程设计图形和工程设计文档,并能为工程设计提供各种服务的数据库。传统的数据库能很好地存储规范数据和进行事务处理,而在 CAD/CAM,CIM,CASE 等 CAx 的工程应用领域,对具有复杂结构和工程[①]

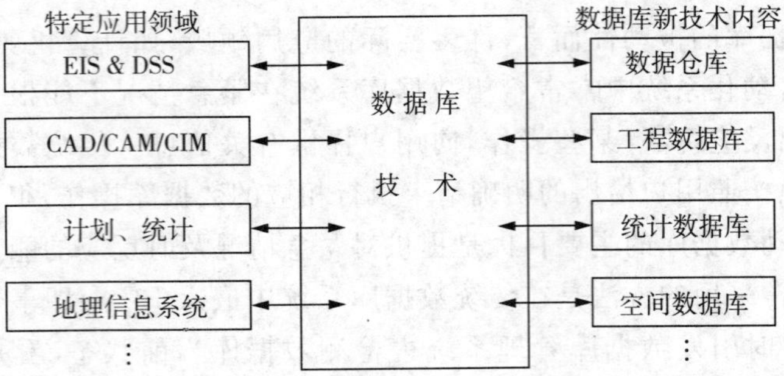

图 9-3　特定应用领域中的数据库技术

设计内涵的工程对象以及工程领域中的大量“非经典”应用传统的数据库则无能为力。工程数据库正是针对工程应用领域的需求而提出来的,目的是利用数据库技术对工程对象有效地加以管理,并提供相应的处理功能及良好的设计环境。

由于工程数据的数据结构复杂、相互联系紧密、数据存储量大,因此工程数据库管理系统的功能与传统 DBMS 有很大不同,主要应具有以下功能。

(1)支持复杂对象(如图形数据、工程设计文档)的表示和处理;

(2)可扩展的数据类型;

(3)支持复杂多样的工程数据的存储和集成管理;

(4)支持变长结构数据实体的处理;

(5)支持工程长事务的并发控制和恢复;

(6)支持设计过程中多个不同数据版本的存储和管理;

(7)支持模式的动态修改和扩展;

(8)支持多种工程应用程序等。

在工程数据库的设计过程中,由于传统的数据模型难以满足工程应用的要求,需要运用当前数据库研究中一些新的模型技术,如扩展的关系模型、语义模型、面向对象的数据模型等。

目前的工程数据库的研究和开发虽然已取得了很大的成绩,但要全面达到应用新要求的目标仍有待进一步努力。

(2)空间数据库

空间数据是用于表示空间物体的位置、形状、大小和分布特征等诸方面信息的数据,适

---

① 见本章参考文献【11】

用于描述所有二维、三维和多维分布的关于区域的现象。

空间数据的特点是不仅包括物体本身的空间位置及状态信息，还包括表示物体的空间关系（及拓扑关系）的信息。属性数据为非空间数据，用于描述空间物体的性质，对空间物体进行语义定义。

空间数据系统（Spatial Data Base System）是描述、存储和处理空间数据及其属性数据的数据库系统。

空间数据库是随着地理信息系统（Geographical Information System）de 开发和应用而发展起来的数据库新技术。目前，空间数据库系统不是独立存在的系统，他和应用紧密结合，大多数作为地理信息系统的基础和核心的形式出现。

空间数据库的研究始于 20 世纪 70 年代的地图制图与遥感图像处理领域，其目的是为了有效地利用卫星遥感资源迅速绘制出各种经济专题地图。由于传统数据库在空间数据的表示、存储、管理和检索上存在许多缺陷，从而形成了空间数据库这一新的数据库研究领域，它涉及计算机科学、地理学、地图制图学、摄影测量与遥感、图像处理等多个学科。

空间数据库技术研究的主要内容如下。

1. 空间数据模型

空间数据模型是描述空间实体和空间实体关系的数据模型，一般来说可以用传统的数据模型加以扩充和修改来实现，也可以面向对象的数据模型来实现。

空间数据库中常用的空间数据结构有矢量数据结构和栅格数据结构两种，如图 9－4 所示。

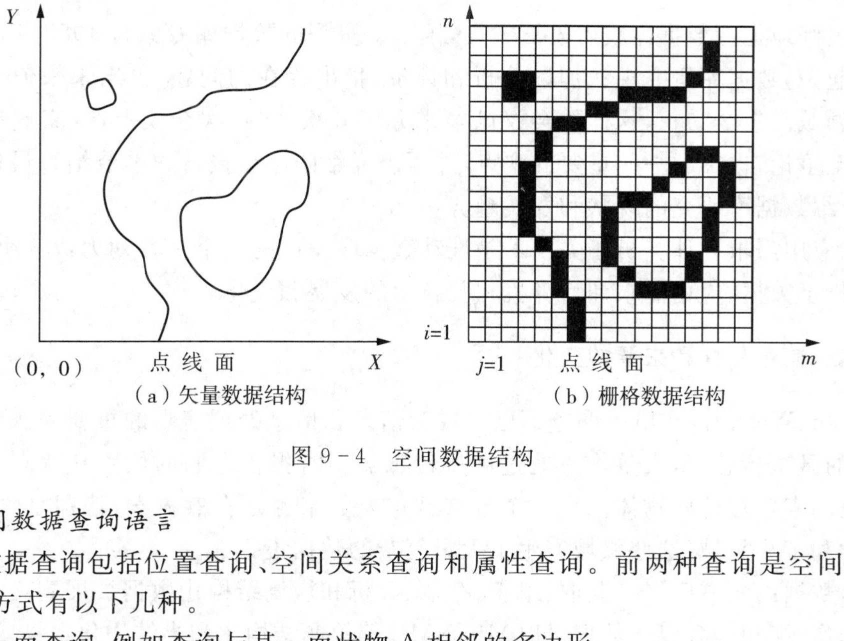

（a）矢量数据结构　　（b）栅格数据结构

图 9－4　空间数据结构

2. 空间数据查询语言

空间数据查询包括位置查询、空间关系查询和属性查询。前两种查询是空间数据库特有的，基本方式有以下几种。

- 面－面查询：例如查询与某一面状物 A 相邻的多边形；
- 线－线查询：例如查询某一河流 A 的所有支流；
- 点－点查询：例如查询两点之间的距离；
- 线－面查询：例如查询铁路 A 穿过的所有城镇；

- 点一线查询：例如查询某一河流 A(线)上的所有桥梁(点)；
- 点一面查询：例如查询某一城市 A 地图中的所有医院(点)。

空间数据查询语言是为了正确表啊以上查询请求。

3. 空间数据库管理系统

空间数据库管理系统的 主要功能是，提供对空间数据和空间关系的定西和描述，提供空间数据查询语言，实现对空间数据的高效查询和操作，提供对空间数据的存储和组织，提供对空间数据的直观显示等。

目前以空间数据库为核心的地理信息系统的应用已经从解决道路、输电线路等基础设施的规划和管理，扩展到更加复杂的领域。

面向特定领域的数据库系统，也称为特种数据库系统，还有很多，就不一一介绍了。

人们知道，推动数据库技术前进的原动力是应用需求和硬件平台的发展。正是这些应用需求的提出，特种数据库系统的研究，推动了新一代数据库技术的产生和发展。而新一代数据库技术也首先在这些特种数据库中发挥了作用，得到了作用。

从这些特种数据库系统的实现情况来分析，可以发现它们虽然采用不同的数据库模型，但都带有 OO 模型的特征。具体实现时，有的是对关系数据库系统进行扩充，有的则是重新进行设计和开发。

9.4 数据库技术发展趋势

为了更好地把握数据库技术发展方向，国际上资深的数据库专家自 1988 年起每隔数年就聚在一起，对数据库研究现状加以分析和评价，指出存在的问题，提出未来值得关注的问题和研究领域。迄今为止，这样的会议已经举办了 6 次，在每次会议上，专家们都做了充分的讨论甚至争论，提出了一些重要的观点，并写出详细的总结报告。本节结合最近的这次会议，简单介绍数据库研究的现状和发展趋势。

数据、应用需求和计算机相关技术是推动数据库发展的 3 个主要动力或 3 个重要因素，专家们分析了数据、应用需求和计算机相关技术的发展和变化。

9.4.1 信息特性和来源的变化

Internet、Web、科技、电子商务等已经成为信息和信息处理需求的重要来源。另一个来源是廉价的微型传感器，大量物体通过微型传感器实时报告它们的位置和状态。采集这些信息，可以用来监控这些物体。另一个越来越重要的来源是自然科学，特别是物理学、生物学、保健学和工程领域，这些领域产生了大量复杂的数据集。

因此，数据库领域已经从获取、组织、存取、分析和恢复结构化数据扩展到文本、时间、声音、图形图像、视频等多媒体数据，HTML、XML 等等非结构化和半结构化数据，还有陈旭数据、流数据和队列数据等等。

数据类型的多样化、处理这些数据的方法复杂化以及数据量越来越巨大是当前数据库面临的重要挑战。